森の休日3

調べて楽しむ

葉っぱ博物館

写真　亀田龍吉　　文　多田多恵子

JN236752

山と溪谷社

森の休日③

葉っぱ博物館

カツラの異形葉：去年の枝には短枝が対生し、そこから広卵形で基部が心形の葉が1枚ずつ出る。今年の枝には卵形で基部が心形にならない葉が対生する。

ウリハダカエデ

表紙写真／シロツメクサ、クルマバソウ、ラセイタソウ、
カラスノエンドウ、キレハケハリギリ、オオイタヤメイゲツ
背表紙／クマシデ 裏表紙／ネムノキ、ユリノキ、トチノキ
1頁の写真／ホオノキ、トサミズキ、ユリノキ、カナムグラ
112頁の写真／カナムグラ、ウリハダカエデ

1章　ようこそ葉っぱ博物館へ

緑のかがやき

　緑したたる森の中。風が通り過ぎるたびに、きらきら、ひらひら、葉っぱは小さな笑い声を立てて、くすぐったそうに身をよじります。

　森の水と太陽の光を吸い込んで、植物は大きく育ちます。根から幹へ、枝の先へ。水の流れは、目に見えない蒸気となって、葉っぱから空へと立ち昇ります。一方、空からは、太陽がまぶしい光を射かけてきます。白く鋭い光の矢は、葉っぱを貫いた瞬間に、きらめく緑のしずくに変わり、森の地面にこぼれ落ちます。

　水と光とが出会うとき、葉っぱは大切な仕事にとりかかります。光エネルギーは化学エネルギーに変えられ、二酸化炭素と水を原料に、合成工場が稼働を開始するのです。工場の倉庫に製品のデンプンが積み上がっていき、煙突からは盛んに酸素が排出されます。

　葉っぱは、森の命の源。植物の体を育てると同時に、森の空気を浄化し、土を肥やし、生き物たちを支えています。

　それぞれの緑、それぞれの生き方。草も木も、その緑のひとひらに生きる知恵を凝縮させて、風の中に輝くのです。

■カツラ

カツラ科カツラ属／対生

山の谷沿いにそびえる落葉高木。日本特産。愛らしいハート形の葉は風によく揺れる。黄葉も美しく、街路樹としても人気がある。秋の落ち葉はカルメ焼きに似た独特の甘い香り。白亜紀から生き残ってきた古い植物で、現在は1属2種1変種が日本と中国に分布する。前頁の「カツラの異形葉」参照。

いろんな葉っぱ①

単葉《たんよう》と複葉《ふくよう》

一口に「葉っぱ」というけれど、並べてビックリ見てドッキリ。こんなにいっぱいあったっけ？一つ一つ説明しようとして、ちょっと困ってしまいました。「形」を言葉で表すのってむずかしい。たとえば「三角形」という言葉を使わずに三角形を説明しようとすると、話が長くなるだけでなかなか正確には伝わりません。葉っぱの形も同じこと。葉っぱのいろんな形にも、一つ一つ名前がついています。そこで『葉っぱ博物館』、最初の展示は、いろんな「形」の案内板です。

長楕円形《ちょうだえんけい》 クリ

楕円形《だえんけい》 タイサンボク

卵形《らんけい》 ミズキ

卵心形《らんしんけい》 ヘクソカズラ

倒広卵形《とうこうらんけい》 ガマズミ

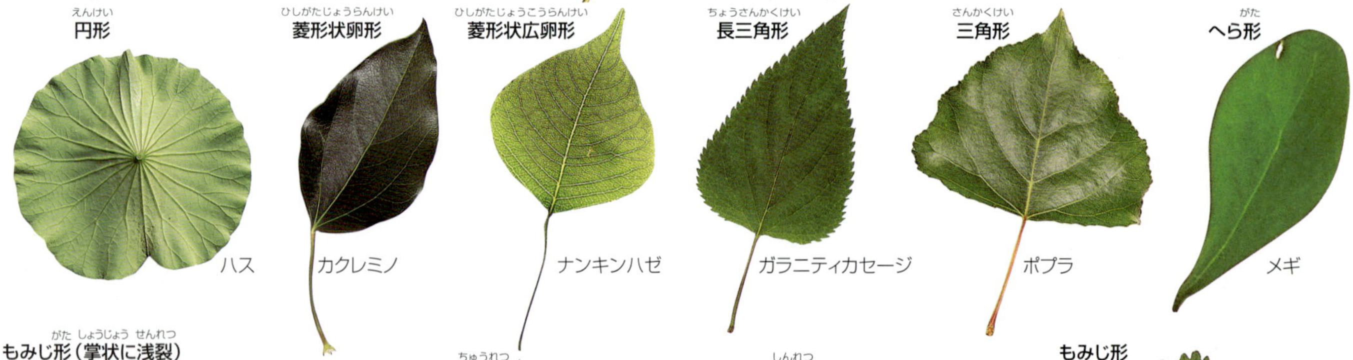

円形《えんけい》 ハス

菱形状卵形《ひしがたじょうらんけい》 カクレミノ

菱形状広卵形《ひしがたじょうこうらんけい》 ナンキンハゼ

長三角形《ちょうさんかくけい》 ガラニティカセージ

三角形《さんかくけい》 ポプラ

へら形《がた》 メギ

もみじ形《がた》（掌状《しょうじょう》に浅裂《せんれつ》） フヨウ

もみじ形（掌状に中裂《ちゅうれつ》） ハリギリ

もみじ形（掌状に深裂《しんれつ》） カジイチゴ

もみじ形（掌状に2～3回浅～中裂） タケニグサ

複葉《ふくよう》

単身複葉《たんしんふくよう》 ユズ

3出複葉《さんしゅつふくよう》 ヤマハギ

掌状複葉《しょうじょうふくよう》 トチノキ

鳥《とり》あし状複葉《じょうふくよう》 ヤブガラシ

偶数羽状複葉《ぐうすううじょうふくよう》 ムクロジ

単葉《たんよう》

針形《しんけい》

アカマツ

線形《せんけい》

カヤ

広線形《こうせんけい》

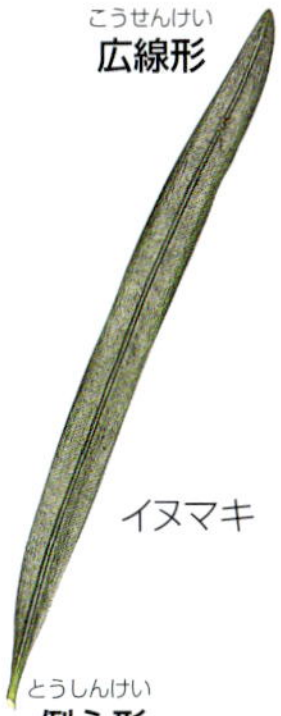

イヌマキ

剣形《けんけい》

ジャーマン
アイリス

披針形《ひしんけい》

マダケ

倒披針形《とうひしんけい》

ヒメムカシヨモギ

狭長楕円形《きょうちょうだえんけい》

キョウチクトウ

心形《しんけい》

オオバベニガシワ

倒心形《とうしんけい》

ヤハズハンノキ

腎形《じんけい》

ユキノシタ

腎円形《じんえんけい》

フキ

さじ形《がた》

キュウリグサ

三角状矛形《さんかくじょうほこがた》

ヒルガオ

矛状心形《ほこじょうしんけい》

カイタカラコウ

広三角状矛形《こうさんかくじょうほこがた》

オクヤマコウモリ

左右非対称《さゆうひたいしょう》

シュウカイドウ

2〜3回羽状《うじょう》に分裂《ぶんれつ》

クサノオウ

2〜3回羽状に浅《せん》〜深裂《しんれつ》

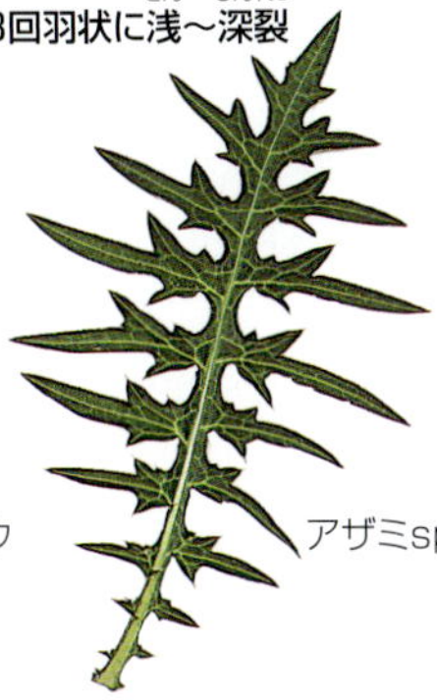

アザミsp.

いちょう形《がた》

イチョウ

鱗状《うろこじょう》

ヒノキ

奇数羽状複葉《きすううじょうふくよう》

ナナカマド

3回3出複葉《さんかいさんしゅつふくよう》

アキカラマツ

2回偶数羽状複葉

ネムノキ

3回奇数羽状複葉

ナンテン

いろんな葉っぱ②

葉身《ようしん》と葉縁《ようえん》、つき方

葉っぱはどれ一つ、同じではありません。それぞれ、違っています。でも、どこが、どう違うのでしょう？　全体の形はもちろん、つけねの部分、縁のキザキザ、先っぽの形、それに枝へのつき方。細かな部分、小さな「形」。見て。葉っぱの一つ一つに、ほら、個性がくっきり浮かび上がってくるでしょう？

葉身基部《ようしんきぶ》の形

葉身のへりの形（トゲトゲの状況）

葉の先端の形

葉柄《ようへい》が
浮き袋
ホテイアオイ
茎《くき》を抱《だ》く
チコリ
茎を突き抜く
ツキヌキニンドウ
盾形《たてがた》（ハスの葉形）
ナスタチウム
跨状《またじょう》（襟状《えりじょう》）
ヒオウギ
耳形
ハンゴンソウ
やじり形《がた》
オモダカ
矛形《ほこがた》
ミゾソバ
葉柄《ようへい》に
流れる
アレチマツヨイグサ
葉柄に
翼《よく》がある
ホタルブクロ
葉軸《ようじく》に
翼がある
ヌルデ

粗鋭鋸歯《そえいきょし》
ミズナラ
粗不正鋸歯《そふせいきょし》
フサザクラ
波形《はけい》
ブナ
深い波状《はじょう》の歯牙《しが》
カシワ
欠刻状《けっこくじょう》
セイヨウタンポポ
整正《せいせい》の歯牙
オタカラコウ
欠刻状《けっこくじょう》の重鋸歯《じゅうきょし》
セイヨウサンザシ

尾状《びじょう》に伸びる
ヤマブキ
亀《かめ》の尾状《おじょう》
クサコアカソ

葉のつき方

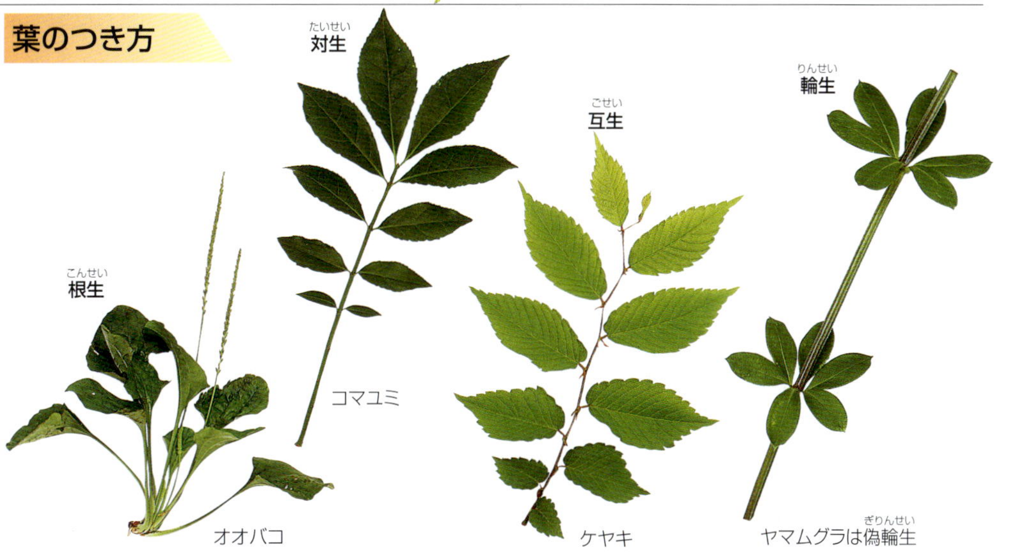
対生《たいせい》
コマユミ
根生《こんせい》
オオバコ
互生《ごせい》
ケヤキ
輪生《りんせい》
ヤマムグラは偽輪生《ぎりんせい》

いろんな葉っぱ③

葉っぱの基本

見た目はとりどりの葉っぱですが、基本のパーツはいっしょです。光を受けて生産活動にはげむ葉身。葉の形を整え、水や養分を移動させる葉脈。それらを支えて位置や向きを調節する葉柄。場合によってはおまけの托葉。それぞれが仕事を分担しながら、全体は見事に協調して、一枚の「葉っぱ」になるのです。

葉っぱ各部の名称

■ソメイヨシノ

大きさ
あとから出た葉はまだ小さくて葉柄も短い
長さ
初めに出た葉は葉身も葉柄も長く伸びている
角度
葉は互いに重ならないよう、一定の角度をおいてつく

■キレハケハリギリ

葉序《ようじょ》

真上から見たキレハケハリギリの若枝。葉っぱは1枚ずつ、ほぼ一定の角度をおいて枝につき、しかも成長につれて葉柄も長〜く伸びるので、全体として見ると、じつにうまく重なりが避けられています。葉の茎へのつき方を「葉序」といいます。葉序は植物にとって、葉の空間配置をデザインする、とても重要な特性です。

いろんな葉っぱ④

葉脈は葉っぱの血管？ 道路？

葉っぱ一枚一枚に、まるで道路のように走るのが葉脈。重力や風に抗《あらが》って葉をぴんと支え、同時にすみずみにまで水や養分を行きわたらせる。それが葉脈の役割です。内部に通っているのは、丈夫な繊維に裏打ちされたパイプ群（維管束《いかんそく》）。緻密《ちみつ》な設計に、植物の知恵と個性が詰まっています。

■ トサミズキ

マンサク科トサミズキ属／互生

庭にも植えられる落葉低木。若葉の側脈は立体的でよく目立ち、円を平行線で分割した図案のよう。秋には美しく紅葉する。

■ シロダモ

クスノキ科シロダモ属／互生

暖地の常緑高木。主脈と2本の側脈がよく目立つ「三行脈」を見たら、まずクスノキ科を疑う。ちぎって芳香があればまず確実だ。シロダモの若葉は柔らかに垂れ、表裏とも金色の毛をまとってビロードの手ざわり。

■ ラセイタソウ

イラクサ科カラムシ属／対生

海岸に生える多年草。葉の表面は縮緬（ちりめん）状のしわだらけ。そのへこみのぶん、裏面は葉脈が盛り上がっている。名のラセイタとは、ポルトガル語でラシャに似た毛織物のことで、この葉の分厚い質感から。

■ アラカシ

ブナ科コナラ属／互生

照葉樹林の常緑高木。いわゆる樫の木の一つ。あらい鋸歯の先まで、一つ一つ側脈が行き届く。

■ ヤブニッケイ

クスノキ科クスノキ属／互生

暖地の常緑高木。葉は３行脈が目立ち、表面に光沢がある。写真の葉は標準より丸みが強く、柄も短めだ。ちぎると香る。

■ ミズキ

ミズキ科ミズキ属／互生（輪生状）

野山の落葉高木。側脈は葉先に向かって弧を描く。ちぎると維管束が引きずり出されて糸を引く。裏は白い。

■ ヤブツバキ

ツバキ科ツバキ属／互生

照葉樹林の常緑亜高木。葉は厚くつややか。双子葉植物の葉は、側脈が網目につながった「網状脈」。

■ オオバギボウシ

ユリ科ギボウシ属／根生

野山の多年草。単子葉植物で、平行脈はゆるやかに弧を描く。そのまま葉柄の部分も平行脈。

■ クマザサ

イネ科ササ属／互生状

常緑のササ。冬は葉の縁が枯れて白く隈取られる。単子葉植物の葉は主脈と側脈の区別がない「平行脈」。

■ イチョウ

イチョウ科イチョウ属／長枝は互生、短枝は束生

中国原産の落葉高木。古い型の裸子植物で、中生代の化石に似た「生きた化石」。同じ太さの葉脈がＹ字状に分かれる「二叉状脈」も古い型。それで葉も末広がりの扇形になる。p20、106参照。

■ ウバユリ

ユリ科ウバユリ属／根生、茎葉は互生

林床の多年草。単子葉植物だが網状脈。春は葉脈も赤くてつややかだが、夏はたいてい虫食いでボロボロ。

葉っぱのつき方①

互い違いにつく互生《ごせい》 例えばニレ科、カバノキ科

右・左・右・左･･･と、葉っぱが1枚ずつ互い違いに出るのは「互生《ごせい》」。樹木では多数派で、たとえばニレ科やカバノキ科の植物はすべて互生です。葉っぱは茎の先端でつくられます。一定の角度をおいて順番につくられますが、横に伸びる枝では成長する過程で角度が修正され、整然と同一平面上に並びます。

■ エノキ

ニレ科エノキ属／互生

雑木林の落葉高木。葉は厚めで３脈が目立つ。ふつう先の方にだけ鋸歯があるが、大きな木の日なたの枝では写真のように鋸歯がほとんど出ない。表面のコブは、エノキハイボフシと呼ぶ虫こぶで、中にフシダニの一種が住んでいる。国蝶オオムラサキもこれが食草。鳥が種子を運ぶので、町でもよく若木を見る。

■ ケヤキ

ニレ科ケヤキ属

雑木林の落葉高木。逆さ箒の樹形は街路樹でもおなじみ。枝はジグザグに伸びながら葉を１枚ずつ広げる。若いうちは葉の基部に赤い托葉がある。小枝の葉の基部に粒状の実がつき、枯れ葉もいっしょに小枝ごと風に飛ばされて散る。p68参照。

■ ハルニレ

ニレ科ニレ属／互生

北日本で親しまれる落葉高木。水辺に多く、大木になる。アキニレとは正反対に、こちらは早春に咲いて初夏に実を結ぶ。葉の大きさも対照的だ。ニレ科の仲間は、みな多少なりとも葉が左右非対称だが、中でもハルニレのいびつさは格別。いびつに秘密はあるのかな。

■ アキニレ

ニレ科ニレ属／互生

雑木林の落葉高木。公園や街路樹にも植えられる。小さくて厚めの葉の基部に、8月になると写真のように花芽がつく。9月に花、10月には実と、樹木には珍しいスピード結実。実は平たいうちわ形で、風に乗る。

■ イヌシデ

カバノキ科クマシデ属／互生

雑木林の落葉高木。公園でも、美しい樹皮が目を引く。側脈は12～15対。果穂はまばらな感じ。樹皮はなめらかな灰褐色で、白いすじが何本も縦に走る。

■ クマシデ

カバノキ科クマシデ属／互生

雑木林の落葉高木。カバノキ科で果穂がしだれる仲間はシデとよばれ、いずれも細かい重鋸歯縁の葉をつける。クマシデでは、側脈はきれいに並んで約20対。果穂は長さ5～10㎝と大きく、ドライフラワーのようにかさかさ。秋には一片ずつ種子を抱いてひらひらと舞い降りる。

■ アカシデ

カバノキ科クマシデ属／互生

雑木林の落葉高木。葉はイヌシデに似ているが、側脈は7～15対、葉先は細くとがる。春の芽吹き時、冬芽を包んでいた赤い芽鱗がほころびて、木全体が赤く見える。

■ サワシバ

カバノキ科クマシデ属／互生

山の沢沿いに生える落葉高木。葉はクマシデに似ているが、基部ははっきりハート形にくぼみ、下部の側脈2，3対は中途で分岐する。果穂はクマシデにそっくり。

葉っぱのつき方②

ペアで向き合う対生《たいせい》 みんなで輪になる輪生《りんせい》

葉っぱはつき方もいろいろ。2枚ずつ仲良く向き合うのは「対生」。カエデ科、ニシキギ科、モクセイ科、アカネ科、スイカズラ科など、対生の仲間は限られます。3枚以上が放射状につくのは「輪生」、さらに少数派です。若木や徒長枝《とちょうし》では、一時的に対生が輪生に変わったり、その逆になることもあります。

対生《たいせい》

■ ツリバナ

ニシキギ科ニシキギ属／対生

山で出会う落葉低木。葉が対生だと、枝ぶりも左右対称になる。向き合う葉の基部にそれぞれ芽がつき、枝が伸びるからだ。写真は初夏、花の時期。秋には真っ赤なシャンデリアの実に変身する。

■ ヒナウチワカエデ

カエデ科カエデ属／対生

山に生える落葉小高木。カエデ科の仲間はすべて対生する（p30〜35参照）。林床に育つ若い木は、横方向に枝を伸ばし、葉を平面的に配置して、わずかな光を精一杯に受け止める。

■ キンモクセイ

モクセイ科モクセイ属／対生

中国もしくは日本原産の常緑小高木。花は甘く香り、街に秋を告げる。葉は硬く、縁は波打つようになる。栽培品はすべて雄株で実はできず、挿し木で殖やしたクローン。だから、全国どこでも同じ顔、同じ遺伝子。モクセイ科もすべて対生する。p69参照。

輪生《りんせい》

■ ギンバイカ

フトモモ科ギンバイカ属／対生～3輪生

地中海沿岸原産の常緑低木。別名マートル。「祝いの木」の名でも栽培される。葉は対生するが部分的に3輪生が混じる。硬くつややかな葉はよい香りがあり、ハーブとして料理のスパイスやアロマテラピーに用いられ、また花嫁のブーケに入れられる。

■ キョウチクトウ

キョウチクトウ科キョウチクトウ属／3輪生

公園や道路沿いによく植えられている常緑小高木。葉は3輪生で、なでると革カバンの手ざわり。花は夏。乾燥や暑さに強いのは、さすがインド原産である。全体に有毒で、枝を切ると半透明の乳液が出る。

葉っぱのつき方③

あれれ、葉っぱのつき方が変《へん》！

葉っぱのつき方を整理して、すっかり分かった気になるのは人間の勝手。植物たちは、自由気ままに生きています。紛らわしいのやら変わったのやら。え、どこがどう変なのかって？　右頁の葉っぱのつき方を、よーく見て。ここに登場する「コクサギ型葉序」って、私には千鳥足のように見えちゃうんだ。

偽輪生《ぎりんせい》

■ ユキグニミツバツツジ

ツツジ科ツツジ属／偽輪生

山の落葉低木。枝先に葉がきまって3枚だけ出るのでミツバツツジ。輪生に見えるが、じつは互生の間隔が詰まっただけ。偽輪生という。この仲間は地方ごとに形が少しずつ違い、これは中部日本海側の主にブナ林に生育する種類。

■ シャリンバイ

バラ科シャリンバイ属／互生。枝の先では輪生状

海岸の岩場に生える常緑低木。互生する葉は枝先に集まって、一見、輪生かと思ってしまう。葉は表面を厚いワックスで固め、潮まじりの風や乾燥を防いでいる。

■ ベニドウダンツツジ

ツツジ科ドウダンツツジ属／互生。枝の先では輪生状

山の岩尾根で見かける落葉低木。別名チチブドウダン。徒長枝を見れば互生だが、枝先の葉はうんと詰まって輪生のように見える。春に愛らしい赤い釣鐘の花を房に垂らす。

■ サルスベリ

ミソハギ科サルスベリ属／コクサギ型葉序

中国南部原産の落葉小高木。葉は、左右交互に2個ずつという変わった並び。幹はつるつる。サルも滑る。花は真夏に長く咲き続け、別名はひゃくじつこう（百日紅）。

コクサギ型葉序《がたようじょ》

■ コクサギ

ミカン科コクサギ属／コクサギ型葉序

山の沢沿いに多い落葉低木。葉は薄いがてらてら光り、ちぎるとミカン科ならではの独特のにおい。これも葉が左右交互に2個ずつつく。この一風変わった葉のつき方は「コクサギ型葉序」と呼ばれている。

葉っぱのつき方④

長枝《ちょうし》と短枝《たんし》 みんな違ってみんないい

枝をどう広げるか、木々にとっては大問題です。現時点で光を効率よく受けるのがいいのか、それとも将来に備えて樹形の骨組みを建てるのがいいのか。この問題をうまく解決した植物がいます。それは、葉っぱにまんべんなく光を当てるための「短枝」と、将来の骨組みとなる「長枝」をつけ分けることでした。

冬のイチョウの
枝の拡大

はじめ短枝だったのが
10年のちに長枝に変わ
たことがわかる

■ イチョウ

イチョウ科イチョウ属／長枝は互生、短枝は束生

中国原産の落葉高木。長く伸びるのは長枝、枝にこぶのように見えるのが短枝。短枝には、前年までの葉のあと（葉痕）が年輪状に積み上がって、枝の年齢が分かる。徒長枝やひこばえには、不規則に深く裂けた葉がよく出るが、これはイチョウの祖先に近い形。一時的な先祖帰りである。p13、p106参照。

■ シラカバ（シラカンバ）

カバノキ科カバノキ属／長枝は互生、短枝は2枚が束生

北国や高原の落葉高木。純白の樹皮がロマンを誘う。長枝は葉を次々に出しながらすらりと伸びるが、短枝は葉を2枚出して終わり。崩壊地や伐採地に真っ先に生えるパイオニア植物で、長枝を伸ばしてぐんぐん成長する。

■ カラマツ

マツ科カラマツ属／長枝は単生、短枝は20～30個束生

高原に多い落葉高木。日本産の針葉樹ではただ一種、秋に黄葉して葉を落とす。細い針が葉1枚、短枝には20～30枚が放射状につき、長枝では1枚ずつつく（単生）。眼に見えない違いもある。ハバチの一種の幼虫は短枝の葉だけ食べる。長枝の葉には摂食阻害物質が仕込まれているからだ。これで丸坊主という最悪の事態を回避できる。違いがわかる、カラマツの枝・ブレンド。

■ ゴヨウマツ

マツ科マツ属／長枝は単生、短枝は5針葉が束生

山の尾根に生える常緑高木。別名ヒメコマツ。枝は2種類。長く伸びる長枝と、いわゆる「松葉」にあたる短枝。長枝の葉は鱗片状で、らせんを描いてつく。短枝には5本の針状葉が束になってつく。古い葉が落ちるときも短枝ごと。アカマツやクロマツでは短枝に2本の葉がつくので、「松葉」もVの字になる。ちなみに短枝の基部を包んでいる薄膜も、葉が変形したもの（鱗片葉という）。p58参照。

葉っぱのつき方⑤

草の葉っぱ 互生《ごせい》、対生《たいせい》、輪生《りんせい》

一年草も多年草も、草はみな高さゼロからのスタートです。毎年、茎を地面に立て、葉をつけ、そして花を咲かせて実を結ぶ。その繰り返しの中で、どう葉を広げれば、光を最大に活用できるだろう？　薄暗い林床、明るい草原、湿地、道ばた･･･。それぞれの生活場所で、草たちもまた、懸命に生きています。

■ エンレイソウ

ユリ科エンレイソウ属／3輪生

落葉樹林の多年草。すっくと伸びた茎の上に、扇風機そっくりの葉を広げ、その中心に花が咲く。葉はひたすら水平に、木漏れ日を最大に受け止めようとがんばっている。単子葉植物ながら網状脈をもつ。

■ ミゾソバ

タデ科タデ属／互生

湿地や溝に生える一年草。葉は互生。葉に斑があり、逆さにするとウシの顔に見えてくる。別名もウシノヒタイ。基部の托葉は薄膜状の「托葉鞘」となって腹巻きのように茎を囲む。葉の裏や茎には点々と逆さトゲがあり、これで互いに引っかけて体を支え合う。花はこんぺいとうのようでかわいらしい。これは花が白い株。ふつうはピンク色。

■ ヒメオドリコソウ

シソ科オドリコソウ属／対生

北米原産の小さな越年草。道ばたや畑に多い。葉は90度ずつずれて対生する「十字対生」で、茎上部の葉はピラミッド形に重なり、上から見ると整然とした造形美。茎の断面も四角い。群生すると箱庭の針葉樹の森のようだ。早春、うぶ毛をまとった葉の間からピンク色の花が顔を出す。

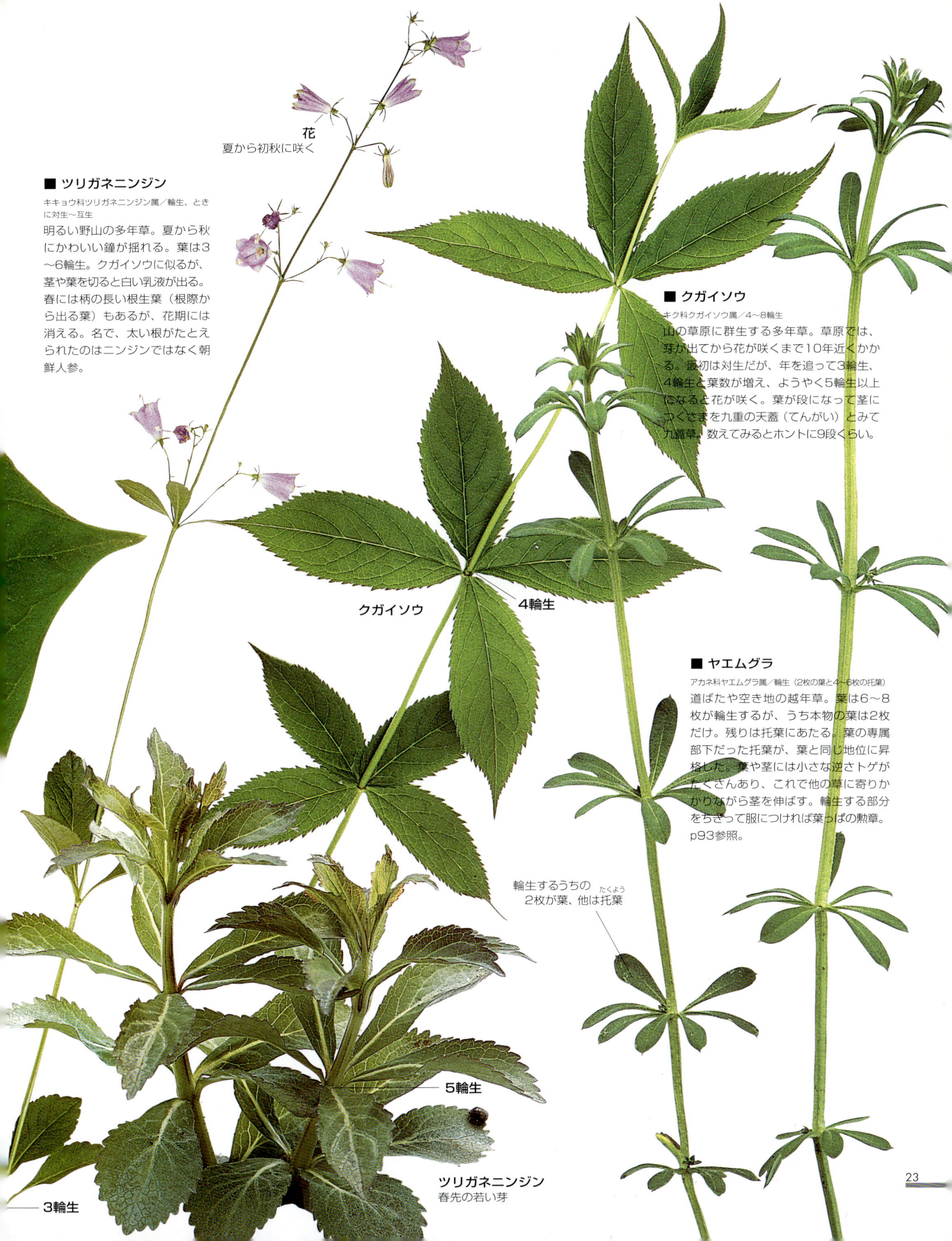

■ ツリガネニンジン

キキョウ科ツリガネニンジン属／輪生、ときに対生～互生

明るい野山の多年草。夏から秋にかわいい鐘が揺れる。葉は3～6輪生。クガイソウに似るが、茎や葉を切ると白い乳液が出る。春には柄の長い根生葉（根際から出る葉）もあるが、花期には消える。名で、太い根がたとえられたのはニンジンではなく朝鮮人参。

■ クガイソウ

キク科クガイソウ属／4～8輪生

山の草原に群生する多年草。草原では、芽が出てから花が咲くまで10年近くかかる。最初は対生だが、年を追って3輪生、4輪生と葉数が増え、ようやく5輪生以上になると花が咲く。葉が段になって茎につくさまを九重の天蓋（てんがい）とみて九蓋草。数えてみるとホントに9段くらい。

■ ヤエムグラ

アカネ科ヤエムグラ属／輪生（2枚の葉と4～6枚の托葉）

道ばたや空き地の越年草。葉は6～8枚が輪生するが、うち本物の葉は2枚だけ。残りは托葉にあたる。葉の専属部下だった托葉が、葉と同じ地位に昇格した。葉や茎には小さな逆さトゲがたくさんあり、これで他の草に寄りかかりながら茎を伸ばす。輪生する部分をちぎって服につければ葉っぱの勲章。p93参照。

葉っぱのつき方⑥
ロゼットいろいろ

冬は厳しい試練の季節。北風が吹きすさぶ野原にほんのわずかなぬくもりを求めて、いがみ合う間柄の草たちも、この時ばかりはそろって地面にぺったり張りつきます。根際から葉っぱを放射状に広げた形を「ロゼット」といいます。春、大地の呪縛から解放されると、ロゼットたちは先を争って葉を起こし、光を得ようとぐんぐん背を伸ばします。

■ オオアレチノギク

キク科ムカシヨモギ属／根生／互生

南米原産の越年草もしくは二年草。空き地や道ばたに急増した。葉はざらつく毛が多く、灰色がかる。約135度ずつずれて新しい葉が出るので、互いに重ならない。高さ0cmのロゼットも、夏には人の背より高くなり、一株で数十万個の種子をつくる。すさまじい繁殖力。種子は綿毛を広げて風に乗り、すかさず新しい空き地で芽を出す。

■ ヨモギ

キク科ヨモギ属／根生、茎葉は互生

野原や道ばたの多年草。草もちに入れるのはこれ。ロゼットは白い綿毛をかぶり、摘めば春の香りが立つ。長い毛がからむからもちとよく混ざる。可愛い白無垢も、秋には高さ1mにぼうぼうと伸び、地味な小花をどっさりつける。風媒花なので目立つ必要もないというわけだ。風に飛ぶ大量の花粉は花粉症の原因になる。

冬のロゼット

■ セイヨウタンポポ（下の写真）

キク科タンポポ属／根生、茎葉はない

在来種のタンポポに似ているが、こちらは帰化植物。欧州原産の多年草で、日本中に大躍進。英名ダンディライオンは、葉のキザキザをライオンの牙と見たもの。葉を切ると白い乳液が出る。乳液は天然ゴムを含み、葉を食べた虫のあごをべとつかせて口をふさぐ。

花を裏返して、総ほう（花を支えている部分）が反り返っていればセイヨウタンポポだが、最近は在来種との間にできた中間的な形の雑種個体も見つかっている。葉だけで見分けるのは難しい。p81参照。

早春のロゼット

■ キュウリグサ

ムラサキ科キュウリグサ属／根生、茎葉は互生

道ばたの小さな越年草。ロゼットも小さい。葉をもむと、キュウリのにおい。お試しあれ。春、先端がサソリの尾のようにくるりと丸まった花序を立て、ワスレナグサをミニミニサイズにしたような青い花が咲く。

冬のロゼット

■ メマツヨイグサ

アカバナ科マツヨイグサ属／根生、茎葉は互生

北米原産の二年草。空き地や河原に増えた。語源の「ロゼ（ばら）」そのままに、冬のロゼットは赤みを帯びて端正だ。マツヨイグサ類のロゼットは、育ちが悪いと花期が近づいても茎を立てずに翌年に持ち越し、大きく育ってはじめて高く茎を立てる。そして花を咲かせれば、全エネルギーを種子に注ぎ込み、自らは枯死する。ロゼットから茎を立てる、それは二次元から三次元への切り替えであり、同時に後戻りできない「死のダイブ」への発進でもある。

■ アキノノゲシ

キク科アキノノゲシ属／根生、茎葉は互生

野原や道ばたの越年草。野菜のレタスと同属。新鮮なレタスの茎を切ると白い乳液が出るが、これも葉や茎から乳液が出る。冬のロゼットは鋭くとがり、葉脈は濃い紫色になることが多い。茎は高さ1～2mになり、下の方では鋭く切れ込んだ葉、上では細長い葉をつける。頭花は径約2ｃｍ、優しいクリーム色。

2章　なんて楽しい葉っぱの形

自然博物館

山で植生調査をするので、私は四角い木枠を持っていきました。地面に置いて一定の面積を囲うためです。その木枠を、ふと額縁のように掲げて中を覗き込んだとき…。

目の前のやぶが、突然きらきらと輝いて見えて、私はびっくりしたのでした。まるで近眼の人が眼鏡を初めてかけた時のように、はっきり「見える」ということに驚いたのです。

木枠でなくても、４本の指で四角を作っても、カメラのファインダーを覗いても構いません。とにかく、ふだんとは違う意識の窓を通して眺めると、何気ない景色も、まるで魔法にかかったかのように、特別な絵か芸術写真のように見えてきたのです。枠を覗き込むことで、逆に概念の枠を取り外すことができるなんて、なんか不思議。

本当はちっとも見ていないもの、聞こえていないことの何と多いことか。木々の息づかい、草かげのおしゃべり、無数の葉っぱたちの真っ直ぐな視線。立ち止まって「目」さえ開けば、森の木々はもちろん、やぶの草木や道ばたの雑草たちでさえ、意匠を凝らした衣をまとい、生きる英知を輝やかせて、敢然と世界に立ち向かっています。

ほら、森へと向かう道の両側で、もう木や草たちが並んで出迎えてくれていますよ。道沿いもまた、森から開けた場所への移行空間、多様性に満ちた自然博物館です。

ようこそ、私たちの森へ。

どうぞ、ゆっくり見ていってくださいね。

葉っぱの形① 単葉《たんよう》

葉っぱといえばこの形 コナラやブナ

葉っぱを1枚、紙に描いて。そういわれて、どんな葉っぱを描きますか？ たぶんブナのような、いわゆる「リーフ形」の葉っぱを描く人が多いでしょう。ブナやミズナラのように、全体が一つのまとまりとなっている葉っぱを「単葉」といいます。キザキザがあったり、切れ込んでいたり、その表情はさまざまです。

■ コナラ

ブナ科コナラ属／互生

雑木林の落葉高木。少し前まで、コナラはクヌギとともに里山の恵み、大切な木だった。薪や炭にと伐れば、すぐ切り株から芽吹き、30年後の子の代には豊かな雑木林に戻っていた。葉はミズナラより小ぶりで、葉柄が長く、葉裏は白っぽい。どんぐりは高さ約2cm、細い縦すじが入る。

■ アベマキ

ブナ科コナラ属／互生

雑木林の落葉高木。西日本に多い。葉はクヌギに似て鋸歯の先が糸状に伸びるが、裏面が白くて毛だらけなので区別できる。クヌギとともに太っちょどんぐりが楽しい。

■ ミズナラ

ブナ科コナラ属／互生

山に生える落葉高木。オオナラとも呼ぶように、葉もどんぐりもコナラより一回り大きい。葉柄はごく短く、葉は枝先に集まってつく。ブナとほぼ同じ気候帯に分布する。だがブナとは違って、春に芽を全部は開かずに一部を残すので、遅霜で新芽が枯れても素早く葉を広げ直すことができる。遅霜に遭いやすい盆地地形や尾根筋には、よく純林を見る。p81参照。

左：クヌギの鋸歯の先端は糸状に細く伸びる
右：クリの鋸歯は糸というよりは針状で、先っぽまで緑色

■ イヌブナ

ナ科ブナ属／互生

の落葉高木。太平洋側のあまり高ない山に多い。葉は波状縁で葉脈きれいに並び、一見ブナにそっくり、も質感はまるで違う。薄く柔らかぺらぺら。側脈も10～14対と多い。の周囲にひこばえが出て株立ちにる点もブナとは異なる。樹皮も黒ぽい。

■ブナ

ブナ科ブナ属／互生

冷温帯の森を代表する落葉高木。静かに佇むブナの森には、草木や虫、動物、菌類と、無数の生命が群れつどう。波状縁の葉は、雨水をこぼすことなく枝に運び、幹を流れ落ちる水の流れをつくって森全体を豊かに潤す。側脈は7～11対。芽吹いたばかりの頃は、柔らかな絹毛が逆光に輝くが、開ききると毛は落ちる。北海道南部から九州まで分布し、北のものほど葉が大きい。樹皮は灰白色。

■ ピンオーク

ブナ科コナラ属／互生

北米原産の落葉高木。切り紙細工のような造形が面白く、公園などに植えられる。英語でコナラ属、つまりどんぐりの木はオークという。北米には約60種あり、レッドオークとホワイトオークに大別されている。これはレッドオークの部類で、葉は鋭く深く切れ込み、どんぐりは2年かかって熟して苦い。秋はきれいに紅葉する。

■ クヌギ

ブナ科コナラ属／互生

雑木林を代表する落葉高木。甘い樹液を出す木として、虫にも昆虫少年にも大人気。葉の鋸歯の先端は糸状になって細く伸び、裏面はほぼ無毛で緑色。冬も枯れ葉が枝に残る。

■ クリ

ブナ科クリ属／互生

丘陵から山地の落葉高木。丹波栗など実の大きな栽培種に対して、野生のものはシバグリとも呼ばれる。縄文時代から実も材も重要な木だった。葉は裏が淡緑色、側脈は16～23対と、16対どまりのクヌギやアベマキよりも多い。

葉っぱの形② 掌状単葉《しょうじょうたんよう》①

紅葉の王様
イロハモミジとその仲間

紅葉の王様といえばカエデ。北半球の温帯林《おんたいりん》を代表する落葉高木の一つで、日本には26種類も見られます。伏流水《ふくりゅうすい》が流れる山の斜面や渓谷を好み、秋は色鮮やかに山を染めます。紅葉をあらわす「もみじ」という言葉も、いつしか彼らの名となりました。見ていると、ほら、渓谷の沢音が耳に響いてくるでしょう?

■ イロハモミジ

カエデ科カエデ属／対生

秋を彩る落葉高木。たいてい七つに裂ける葉先を「いろはにほへと」、と数えた。イロハカエデ、タカオモミジともいう。もっともポピュラーな種類で、園芸品種も多い。葉は直径4～7㎝、不ぞろいな重鋸歯。

■ ヤマモミジ

カエデ科カエデ属／対生

主に日本海側に自生する落葉高木。紅葉が美しく、庭園にもよく植えられる。葉はイロハモミジより一回り大きく直径5～10㎝、重鋸歯は彫りが深い。

■ オオモミジ

カエデ科カエデ属／対生

山地に生える落葉高木。葉は直径7～12㎝で、裂けかたはやや浅く、鋸歯は小さく整って行儀よく並ぶ。澄んだ赤に色づいてきれい。

■ ヤマモミジ
‘手向山（たむけやま）’

カエデ科カエデ属／対生

ヤマモミジの園芸品種。枝垂れ性で、細かく裂けた葉は芽吹き時にも赤い。

■ イタヤカエデ

カエデ科カエデ属／対生

葉の縁に鋸歯がないカエデで、高木になる。葉の切れ込みの深さや毛の有無などに変異が大きく、いくつかの変種や品種に分けられている。ふつう単にイタヤカエデと呼ぶのは写真のような浅く裂ける形のもので、直径は6〜14㎝。秋には黄色く色づく。

■ エンコウカエデ

カエデ科カエデ属／対生

イタヤカエデの中でも、葉の切れ込みの深いものを、こう呼ぶ。樹齢によっても葉の形は変わるという。エンコウとはサルのこと。サルの手のひらにたとえたというが、私には木から木へと飛び回るテナガザルに見えたりする。

■ オニイタヤ

カエデ科カエデ属／対生

イタヤカエデの変種で、葉が浅く裂けてことに大きく、最大直径は25㎝に及ぶ。こうなるともうグローブの手だ。

葉っぱの形③　掌状単葉《しょうじょうたんよう》②

紅葉の王様 ハウチワカエデとその仲間

山では天狗の団扇《うちわ》の店開き。太郎天狗に小天狗ども、どんな団扇がお好みじゃ？ そんな楽しい想像が、ついつい頭に浮かびます。ハウチワカエデとその仲間は、切れ込みが多くて浅い、丸っこい団扇形の葉っぱを身につけます。いずれも山で出会う種類。秋には澄んだ赤に染まります。

■ヒナウチワカエデ

カエデ科カエデ属／対生

山の谷筋に生え、あまり太い木にはならない。葉も直径約4～7㎝と小ぶりで、薄く、繊細だ。小さいという意味の「雛」がぴったり。葉の裂けたところにすきまがあくのが特徴。紅葉も美しい。p16参照。

■ コハウチワカエデ

カエデ科カエデ属／対生

ブナやミズナラの森に生え、高木になる。別名イタヤメイゲツ。葉の直径は5～8㎝でハウチワカエデの約半分。ところで、カエデ類の新芽は、みな、だらりと幽霊の手のように垂れて伸び出てくる。これは寝冷え対策、葉を暖かく保つ工夫である。

■ オオイタヤメイゲツ

カエデ科カエデ属／対生

やや高い山に生え、高木になる。葉身はやや横に広く、幅10㎝くらい。ハウチワカエデよりも葉柄が長い。カエデ類はみな、二つ一組の実をつける。ドラえもんのタケコプターにそっくり。熟すと一つずつに分かれ、くるくる回りながら飛んでいく。オオイタヤメイゲツの実のプロペラは、ほぼ水平に開き、紅葉より早く、夏に熟す。

■ ハウチワカエデ

カエデ科カエデ属／対生

山の谷沿いに生え、高木になる。葉はやや縦長で大きく、直径14㎝ほどになる。芽吹いた直後は白いむく毛をかぶって、ぬいぐるみの感触。葉柄は葉身の長さの1/2〜1/4と短めなので、羽団扇の使い勝手もよさそうだ。秋は紅葉する。

葉っぱの形④　掌状単葉《しょうじょうたんよう》③

紅葉の王様らしくないカエデ類

植物たちは千変万化。カエデの葉っぱも、中にはこんな形のも。三つに裂けてたり、その三つが基部まで裂けて「3出複葉」に変わったり、かと思うとまったく裂けずにふつうの葉っぱに見えたり…。日本に自生するカエデ26種のうち、固有種は21種。独自の環境で、長い年月をかけて姿や性質を変えたのです。

■ ウリカエデ

カエデ科カエデ属／対生

山に生える落葉小高木で、雌雄異株。長さ4〜8cmと小ぶりな葉はすべすべとなめらか。浅く3裂するものが多いが、ほとんど裂けないもの、5裂するものも混じる。すべすべした樹皮は緑色で黒い縦すじが入り、なでるとウリの実の肌に似てひんやり感。秋に黄色く色づく。

■ トウカエデ

カエデ科カエデ属／対生

中国原産、街路樹や庭園の落葉高木。葉は3裂、ウリカエデにちょっと似るが、木肌はがさがさ。写真は若木の葉で粗い鋸歯があるが、大木の葉には鋸歯がほとんどない。秋は赤や黄に鮮やかに色づく。

■ アサノハカエデ

カエデ科カエデ属／対生

山に生える落葉小高木で、雌雄異株。葉は長さ4〜8cm、葉柄が長い。葉は麻の葉に似て、表面に細かいしわがよる。枝に整然と対生して見事な幾何学模様を描く。秋には黄葉する。

■ ウリハダカエデ

カエデ科カエデ属／対生

山に生える落葉高木。葉は浅く3〜5裂して長さ10〜15cm、葉柄は短い。若木の幹は暗緑色に黒い縦縞で、これまたウリのすべすべ肌。雌雄異株だが、追跡調査すると、ある年は雌花を咲かせていた木が、翌年は雄花をつけていたりする。性転換するとは驚いた。秋は紅葉または黄葉する。よく似たホソエカエデの葉柄は赤くて長い。

■ ミツデカエデ

カエデ科カエデ属／対生

山の川沿いに生える落葉高木で、雌雄異株。独特の葉をしたミツデカエデやメグスリノキを山で見つけるとうれしくなる。葉は三つでワンセットの3出複葉で、葉柄が赤くて長い。秋には黄葉する。

■ メグスリノキ

カエデ科カエデ属／対生

渓谷に生える落葉高木で、雌雄異株。公園に植えられることもある。3出複葉の葉は毛むくじゃら。でも、真っ赤に紅葉すると目の覚めるように美しい。名は、樹皮や葉を煎じて目薬にしたことによる。

■ カジカエデ

カエデ科カエデ属／対生

主に太平洋側の山で見られる落葉高木。雌雄異株。葉裏に毛が多く、ごわつくので、別名オニカエデ。名は大きく裂けた葉をクワ科のカジノキにたとえたもの。カナダ国旗のサトウカエデ（メープルシロップの木）にも似ている。日本のカエデ類からも、糖分濃度の多少はあるが、シロップは採れる。秋には黄葉する。

■ チドリノキ

カエデ科カエデ属／対生

山の沢沿いに群生する落葉小高木で、雌雄異株。葉はカバノキ科のサワシバやクマシデによく似ているが、対生している点がポイント。秋には黄葉する。名は、両翼を広げたような形の実をチドリの飛ぶ姿に見立てたもの。

葉っぱの形⑤ 掌状単葉《しょうじょうたんよう》④

カエデ類のそっくりさん

有名人にそっくりさんがいるように、植物にも、血縁はないけど顔はそっくりという偶然があります。ずばりモミジイチゴなんてのも。ウコギ科の仲間やフウの仲間、フヨウやウリノキなども紛らわしい葉っぱの持ち主です。あれっと思ったら110番、じゃなくて、葉のつき方（カエデ類は対生）を見てみましょう。

■ モミジイチゴ バラ科キイチゴ属／互生

高さ2mほどの落葉低木。葉はモミジ形だが互生し、葉柄や葉の裏、それに茎にも鋭いトゲがある。東日本に分布し、中部地方以西にあってもっと葉が長い変種のナガバモミジイチゴと住み分けている。オレンジ色に熟すおいしいキイチゴだが、欲張るとトゲにかかって痛い思いをする。

■ カジイチゴ

バラ科キイチゴ属／互生

高さ2〜3mの落葉低木。葉は直径20cmを超し、光沢がある。カジカエデ同様、名はカジノキに由来する。茎にトゲがないのがうれしいキイチゴで、初夏に黄熟する実は甘くおいしい。温暖な沿岸地域に自生し、庭にも植えられる。

■ フヨウ

アオイ科フヨウ属／互生

中国原産の落葉低木で観賞用に栽培される。葉は直径10〜20cm、浅く3〜7裂する。花は一日花で、朝に咲き夕に萎む。佳人薄命、でも意外な素顔も。種子は毛虫みたいに毛むくじゃら。それがこぼれて、暖地では道ばたに野生化している。

■ ヤツデ

ウコギ科ヤツデ属／互生

温暖地の常緑低木で、日陰でもよく育つ。厚くつややかな葉は、直径20〜40cm。七つか九つに裂け、名前通りの八つには裂けない。毎年春に新葉が出るが、最初の葉は葉身も葉柄もぐーんと横に伸びるのに対して、遅れて出た葉は中心に小さく留まっている。そこで、上から見ると、葉は互いに重なり合わずに同一平面に並ぶ。暗い場所で光を効率よく受けるための知恵である。

■ハリギリ

ウコギ科ハリギリ属／互生

山に多い落葉高木。別名セン、センノキ。葉は直径10～30cmと大きく広がる。枝や幹はトゲトゲだが、材は家具などに利用価値が高い。葉に香りがあり、新芽は山菜とされる。同じ科のタラノキに通じる野性的な味だ。

■ケハリギリ

ウコギ科ハリギリ属／互生

ハリギリのうち、葉裏に毛が密生する変種。ケハリギリと呼ばれ、標高の高い場所に多い。ケハリギリには、写真のように葉の切れ込みが特に深いタイプがあり、キレハケハリギリと呼ばれる。…ところで、キレハケハリギリと3回続けて言ってみて!?。p11参照。

■ セクロピアsp.

クワ科セクロピア属／互生

中南米原産の常緑小低木。大きな葉は基部近くまで深く裂け、掌状複葉のように見える。大きな葉は熱帯のスコールで破けやすい。そこで、あらかじめ裂けめを作ってあるのだ。
熱帯雨林の伐採跡に真っ先に生える成長の早い木だが、幹はタケのように節があって中空だ。中空だからこそ成長も早いのだろう。この中空部分にはアステカアリが住んでいる。このアリは攻撃性が強く、葉を食べに来る昆虫ばかりでなく、幹にとりつくつる植物や着生植物に対しても大顎で攻撃を加える。葉柄の基部には分泌腺があり、「フード・ボディーズ」と呼ばれるグリコーゲンを含む粒がつくられる。これはアリ用の食糧。セクロピアは住と食を提供して、アリをガードマンに雇っているのだ。
写真では何枚かの小葉に、左右対称に穴が並んでいる。小葉が二つ折りになっている若い時期に、何者かにかじられた跡だ。それは誰だったのだろう。そのとき、ガードマンは動いたのだろうか。
小さなガードマンは、なぜか、樹上に居座って葉を食べ続けるミツユビナマケモノに対しては、まったく攻撃を仕掛けない。セクロピアの実を食べてタネを運んでくれる鳥やコウモリを攻撃しないのと同様に。
多種多様な生き物が関わり合って生きている熱帯の森。ふと仰ぎ見る葉っぱにも、たくさんの不思議が隠れている。

葉っぱの形⑥　掌状複葉《しょうじょうふくよう》

葉っぱがたくさん？ でも全部で1枚の葉っぱ

もみじの葉っぱがさらに深く切れ込むと、ついには複数のパーツに分かれます。１枚が複数のパーツに分かれた葉を「複葉」といいます。パーツが三つなら「３出複葉」、もっと多い掌形なら「掌状複葉」。でも、なんで複葉になったんだろう？　風や雨の力をかわせる、円に近い形を作れる、傷んだ部分だけ落とせる、なんてメリットもあり、かな。

■ 宿根《しゅっこん》ルピナス（上の写真）

マメ科ハウチワマメ属／互生

庭を彩る北米原産の多年草。色とりどりの花穂が美しい。掌状複葉の葉は、10枚ほどの小葉が丸く広がって、野の小人たちなら傘に使えそう。春のカリフォルニアでは、国道に沿って野生の花が一面、青紫に咲いていた。

■ オカウコギ（マルバウコギ）

ウコギ科ウコギ属／長枝は互生、短枝は束生

やぶに生える落葉低木。葉は5小葉からなり、ちぎると香る。若芽を刻んで混ぜたウコギ飯は、春の味覚だ。葉が互生しながら長く伸びる長枝と、3、4枚の葉が束になってつく短枝があり、長枝には鋭いトゲが出る。似た仲間が数種ある。

■ トチノキ

トチノキ属トチノキ科／対生

山地の沢沿いにそびえる落葉高木。堂々とした姿で、都会の街路樹にも植えられる。葉は5～9枚の小葉からなり、一番大きな小葉は長さ30ｃｍになる。初夏の花、夏の緑陰、秋の黄葉、おいしいトチの実と、魅力は語り尽くせない。パリのマロニエは近縁種のセイヨウトチノキ。

■ ヤドリフカノキ

ウコギ科フカノキ属／互生

台湾～中国南部原産の常緑低木。ホンコンカポック、シェフレラの名で観葉植物として栽培され、斑入りもある。9枚ほどの小葉が丸くつき、小葉の先は丸い。鳥が種子を木の上に運んでそこで芽を出すことがあるので、「宿りフカノキ」。九州南部以南には同属で小葉の先がとがるフカノキが自生する。

葉っぱの形⑦ 鳥《とり》あし状複葉《じょうふくよう》

どこが違う？
あら、小さな蹴爪《けづめ》が！

一見すると掌状複葉《しょうじょうふくよう》、でもどこか違います。ほら、5枚とか7枚の小葉が、一点に集まっているのではなく、小葉の柄（小葉柄といいます）の途中から次の小葉が出てるでしょ。このような形の複葉を、鳥のあしゆびにたとえて、「鳥あし状複葉」と呼びます。鳥あし状複葉になる植物はそう多くありません。

■ ヤブガラシ

ブドウ科ヤブガラシ属／互生

庭ややぶを覆って茂る、つる性の多年草。二またに分かれた巻きひげを、そこらじゅうにからめてくる。葉はふつう5小葉、ときに7小葉。巻きひげは枝が変わったもので、二またの分岐点には、葉の名残である小さな鱗片葉がある。東日本には結実する株が少なく、もっぱら地下茎で増える。

■ アマチャヅル

ウリ科アマチャヅル属／互生

やぶに多いつる性の多年草。ふつう、5小葉。葉はヤブガラシに似ているが、表面に毛がある。噛めば一目（一舌？）瞭然、名前のとおり甘く、同時に苦い。朝鮮人参と同じ薬効成分を含むというので、健康茶がはやったこともある。秋につる先が地面にもぐり、根づいて子株が増える。雌雄異株で、雌株には横縞の入った小さな丸い実がなる。

■ クジャクシダ

シダ植物ホウライシダ科ホウライシダ属／叢生状

夏緑性のシダ植物。シダの葉はたいてい羽状に分かれるが、これは左右に二叉分岐を繰り返しながら鳥あし状に分かれ、クジャクの尾羽のように広がる。観葉植物のアジアンタムの仲間。

■ マムシグサ（下の写真）

サトイモ科テンナンショウ属

野山の個性的な多年草。葉は左右対称で、頂小葉を中心に数枚の側小葉が軸から次々に分かれる。葉も、地下にあるイモも有毒。マムシが鎌首をもたげたような形の花は、キノコバエをだまして受粉するし、雌雄異株だが性転換もする。じつに不思議で面白い。p89のユモトテンナンショウ参照。

葉っぱの形⑧　3出複葉《さんしゅつふくよう》

ハートが三つ 幸せの四つ葉

小葉《しょうよう》が三つ集まった形は3出複葉。その小葉がさらに三つずつに分かれれば2回3出複葉、さらにもう1回分かれれば3回3出複葉…というふうに呼びます。葉っぱの形は、遺伝子にちゃんとプログラムされていて、複雑な形も間違えずにちゃんとできてきます。でも時には？　幸運の四つ葉、探してみない!?

■ ムラサキカタバミ

カタバミ科カタバミ属／根生

南米原産の多年草。観賞用に輸入されたが野生化した。抜いても鱗茎がこぼれ落ちてよけい増える困りもの。葉柄には丈夫な繊維が通っていて、3出複葉の葉を支えている。ピンクの花が咲くが種子はできない。

■ オキザリス・レグネリー

カタバミ科カタバミ属／根生

南米原産の多年草。赤い三角形の葉を鉢植えで観賞する。葉緑素がまだ少ない若い葉では特に赤い色素が際だつ。カタバミ類の葉には暗くなると閉じる性質がある。

■ シロツメクサ

マメ科シャジクソウ属／互生

別名クローバー。欧州原産の多年草で、葉は3出複葉。牧草として栽培され、葉柄や花茎はしなやかで踏まれ強い。茎が地面をはって一面に広がるが、よく見ると株によって葉の形や斑紋に個性があり、どこまでが同一株か判別できる。ときに小葉の数が多いものがあり、四つ葉を見つけると幸せが訪れる!?

■ アカツメクサ

マメ科シャジクソウ属／互生

別名レッド・クローバー。欧州原産の多年草で、牧草として広く栽培される。葉の斑紋は、表皮の下に空気層を含む部分が白く見えるもの（p100参照）。四つ葉はまず見ない。

■ オキザリス・アデノフィラ

カタバミ科カタバミ属／根生

南米アンデス原産の多年草。青灰色の葉もピンクの花も愛らしく、観賞用に栽培される。カタバミ科には珍しく葉は掌状複葉で、9〜20枚の小葉が集まって傘のようになる。

■ アキカラマツ

キンポウゲ科カラマツソウ属／根生。茎葉は互生

野山の草地に生える多年草。葉は2〜4回3出複葉で、小葉は丸っこく愛らしい。花も繊細だ。カラマツソウの仲間は日本に約20種類ある。ミカン科のマツカゼソウ（p83）も似た葉をつけるが、こちらはちぎると独特の異臭がある。

■ ミツバウツギ

ミツバウツギ科ミツバウツギ属／対生

山の沢沿いに生える落葉小高木。葉は3出複葉で対生し、若葉のころはほのかにごま油の香りがある。ウツギと名はつくが独立した科に属し、日本にはこれ1種のみ。白い花が終わると矢はず形の実がぶら下げる。

■ セイヨウオダマキ（左の写真）

キンポウゲ科オダマキ属／根生。茎葉は互生

欧州原産の多年草。園芸品種が栽培される。葉は根元から出るものは2回3出複葉、花茎につくものは3出複葉。花はとても複雑な構造で美しい。日本にもヤマオダマキ、ミヤマオダマキなどの野生種がある。

■ イワセントウソウ

セリ科セントウソウ属／根生

山の林床に生える可愛い多年草。草丈は10㎝内外、葉もミニサイズだが、これも3回3出複葉。パセリも同じセリ科植物で、葉の形も似ている。

葉っぱの形⑨　羽状複葉《うじょうふくよう》

鳥の羽根に似てるよ どこまでで、1枚？

さて、今度はギザギザ葉っぱがもっと深く切れ込むと？　ちょうど鳥の羽のように、主軸の左右に小葉が並ぶ形を「羽状複葉」といいます。葉っぱは基本的に左右相称なので、てっぺんの1枚（頂小葉）があれば小葉は奇数枚、なければ偶数枚です。中には、分かれた先でさらに羽状に分かれるタイプもあります。

■ ヤマウルシ

ウルシ科ウルシ属／互生

野山に多い落葉低木。秋の紅葉は燃え立つように見事だが、さわるとかぶれるので要注意。側小葉は4〜8対で、葉は枝先に集まってつく。若木のうちは写真のように小葉の縁に鋸歯が出るが、成木になると鋸歯は出ない。同属のハゼノキも奇数羽状複葉で、秋の紅葉が美しい。

■ ムクロジ

ムクロジ科ムクロジ属／互生

公園や寺社林で見る落葉高木。数少ない偶数羽状複葉の例で、頂小葉がない。葉は長さ70㎝になり、秋には美しく黄葉する。秋に落ちる実は丸いボール状。実の皮はサポニンを含んで水に浸すと泡立ち、昔は洗濯に使われた。また黒くて硬い種子は、羽根つきの球に使われている。

■ オニシモツケ

バラ科シモツケソウ属／根生。茎葉は互生

おもに日本海側の山の湿地に生える多年草。これはまた、頭でっかちの複葉だ。奇数羽状複葉だが、頂小葉が掌状に切れ込んで極端に大きく、側小葉はぐっと小さい。こうしたサイズバランスの複葉を頭大（とうだい）羽状複葉ともいう。写真の個体の側小葉はこれでも大きな部類で、たいていごく小さくて痕跡状であることが多い。

■ キンミズヒキ

バラ科キンミズヒキ属／根生／互生

野山に多い多年草。側小葉に大小2型があり、これらが混じってつく。基部には半月形の托葉が二つ。秋には、かぎ針をつけた実が人や動物を待ち受ける。

■ ナンテン

メギ科ナンテン属／互生

おそらく中国から来た常緑低木。葉はこれで1枚かと疑うほど大きく、幅60㎝ほどになる。写真の葉に、小葉はなんと190枚！葉軸の分岐箇所には節があり、葉の一部が傷つくと、そこから先だけが落ちる。葉全体が枯れたときも、一番下の節（三つに分かれるところ）から先が落ち、葉柄の部分は茎を抱いて残る。「難を転じる」といわれる縁起植物で、葉を祝い膳に飾る。葉に薬用成分を含んで殺菌作用があることを、昔の人は経験から知っていたのだろう。

葉軸が分かれる部分には、関節がある。ここに離層ができて、部分的に落葉する。

葉っぱの形⑩　異形葉《いけいよう》①

わぁ、1本の木にも いろんな形の葉っぱが！

葉っぱって、いろんな形があるんだぁ。そう思いながら歩いていると、あら、1本の木の中にも丸いのやギザギザのや、いろんな形が混じってる！　同じ一つの枝の中でも、葉っぱのつく位置、光の当たり具合、葉っぱのもとが作られる時期…、少しずつ条件が違います。そうした微妙な違いに敏感で、すぐ顔に出ちゃう植物たちもいるんですね。

■ ヒイラギ

モクセイ科ヒイラギ属／対生

暖地の常緑小高木で、庭にも植えられる。葉には鋭いトゲ。鋸歯が変化したものだ。おもしろいことに若木はトゲトゲだが、老木になるとトゲのない葉も多くなる。人間と同じで年をとるとトゲがとれて丸くなる。トゲをつくるコストを考慮すれば、草食動物に食べられやすい幼木は、コストをかけても防衛を強化する方が有利だということだろう。葉の痛いトゲが鬼の目を刺すといって、節分に飾る。クリスマスのセイヨウヒイラギはモチノキ科で、葉は互生する。

トゲのある葉とない葉とでは葉脈の走り方も違う。トゲのある葉では側脈がトゲの中にまで入り込むのに対し、トゲのない葉では、側脈は縁にまで届かず、隣の側脈と互いに連絡する。

■ ヤマグワ

クワ科クワ属／互生

野山に生える落葉高木。中国原産の栽培クワに近い種類で、この葉でもカイコはちゃんと育つ。左右非対称の葉は形も不ぞろいで、不規則に大きく裂けたものからまったく裂けないものまでさまざまだ。初夏に熟す実は甘く、鳥が食べてタネを運ぶため、町中でも若木をよく見る。人間さまにもおいしいが、舌は紫色に染まる。

ヤマグワの葉形は、切れ込みなし～切れ込み多数まで、いろいろ見つかる

■ ヒメコウゾ

クワ科コウゾ属／互生

野山に生える落葉低木。葉は左右非対称で、株によって深く裂けるものから裂けないものまで変化が大きい。写真は特に深く裂けた個体で、まるで錨かやじろべえ!?　主枝の大きな葉に、あとから芽吹いた小枝の小さな葉のバランスもおもしろい。和紙の原料になるコウゾの原種で、昔はこの樹皮の繊維をとって和紙や織物を作った。

■ オヒョウ

ニレ科ニレ属／互生

山の沢沿いに生える落葉高木。同じ木に、裂ける葉と裂けない葉が混じる。よく見ると、枝の基部に近くて真っ先に開く葉は小さめで先が裂けず、後から開く葉は大ぶりでよく先が3〜5裂する。最初に開く葉と後から開く葉とで、葉の形や性質が違うらしい。葉が左右非対称なこと、押し葉にすると板のように硬くなることは、ニレ科（p14）の仲間に共通する性質だ。

■ ダンコウバイ

クスノキ科クロモジ属／互生

山の落葉低木。葉の大半は先が3裂するが、切れ込みのないハート形の葉も混じる。葉や枝をちぎるとすーっとする、いい香り。香りはクスノキ科の特徴だ。早春を告げる黄色い花、秋の黄葉もすてき。

葉っぱの形⑪　異形葉《いけいよう》②

子どもからおとなへ 葉っぱも形が変わる

ちっちゃい頃はかわいかった。でも今は…？ 植物にも、これが同じ種類!?と疑うほど、育つと葉っぱの形ががらりと変わるものがあります。中でも大変身は、森のつる植物たち。暗い地面から、明るい高みへと、成長とともに生活場所も移動する彼らの暮らし。子どもの葉っぱからおとなの葉っぱへ。形も質も異なるタイプの葉っぱに変わります。

■ オオイタビ

クワ科イチジク属／互生

暖地性のつる性常緑樹で、岩などに張りつく。葉は成長段階で大違い。子ども時代は縮緬（ちりめん）じわのある、小さな丸いハート形の葉。おとなになるとなめらかで大きく、でも少しとがった葉。人間もそうなるのよね。子どもは鉢植え観葉植物、おとなも壁面緑化植物として使われ、斑入り品種もある。雌雄異株で、花や果実はイチジクそっくり。

成熟して花をつけたキヅタ

オオイタビの成木《せいぼく》

成木の葉は長さ4〜10cm、厚く無毛で光沢がある。

■ キヅタ

ウコギ科キヅタ属／互生

林に生えるつる性常緑樹。地面をはう子どもの葉は、掌状に浅く3〜5裂。でも、高く登ると、枝を横に伸ばし、葉の切れ込みもなくなり、ヤツデに似た花や実がつく。大学生も就職を機に服装が一変するもんね。外国の近縁種も含めて観葉植物や壁面緑化に使われる。

オオイタビの幼植物《ようしょくぶつ》

幼木の葉は長さ約1.5cm、表面に凹凸の著しい縮緬皺（ちりめんじわ）がある。

テイカカズラの幼植物の葉

長さ1〜2cmで白っぽい斑が入る

キヅタ幼植物の典型的な葉

テイカカズラ

おとなの葉は長さ3〜10cmで花は初夏に咲く

■ テイカカズラ

キョウチクトウ科テイカカズラ属／対生

野山に多いつる性の常緑樹。地面をはう子ども時代は、小さく、脈沿いに白く斑（定形斑：p100参照）が入る葉。高くはい上がると、葉はのびのびと大きくなり、斑もなくなる。葉が美しく、花もきれいで甘く香るので、観葉植物や壁面緑化に使われる。赤や白の斑が入る園芸品種もある。

■ ツタ

ブドウ科ツタ属／互生

壁や岩をつたう、つる性の落葉樹。若い枝では巻きひげの先に吸盤ができる。葉の変化は3段階。子ども時代は3出複葉。思春期は柄が短く、丸っこい葉。そしておとなは、大きくて先がきっちり3裂し、葉柄が長ーく伸びた葉。おとなの葉にも幼児期の複葉の性質が残っている。だから、秋に紅葉して散るとき、きまって葉身が先に散り、葉柄だけ枝に残る。このように、もともとは複葉で、単葉になっても葉身と葉柄の境目に関節が残るものを「単身複葉」という。p107参照。

■ ツタウルシ　ウルシ科ウルシ属／互生

野山に生えるつる性の落葉樹。かぶれ大魔王のウルシ属の中でも最強で、近寄るだけでかぶれる人もいる。葉は3出複葉。子ども時代には鋸歯があるが、おとなになると丸くなる。子どものツタウルシとツタは似ていて、先が吸盤になった巻きひげの有無、おとなの葉の形なども見比べないと間違いやすい。

葉っぱの形⑫　単子葉植物《たんしようしょくぶつ》①

サササの葉さらさら タケノコつんつん

ササの葉さらさら…、というけれど、ササやタケの葉っぱに2型があるって、知ってます？　一つは「タケノコの皮」の部分。タケノコの皮は、葉なんです。その大部分（茶色の部分）は稈をとりまく「稈鞘」、先端に短くとがった淡緑色の部分（葉身）がちょこんとついています。そしてもう一つが、風にさらさら鳴る、緑の「ササの葉」なんです。

■ モウソウチク

イネ科マダケ属／2列互生

中国原産で、江戸時代に渡来。日本で見る竹の中では最も太く、タケノコもおいしい。葉は長さ10cm弱、意外に小さい。タケノコ時代に稈（タケやササの茎のことをこうよぶ）を包んでいた稈鞘（つまり竹皮）は、稈が伸びるにつれて落下する。モウソウチクの竹皮は茶色くて毛深く、イノシシを連想。

■ マダケ

イネ科マダケ属／2列互生

日本原産。モウソウチクが来るまでは日本で最大の竹だった。かぐや姫もマダケから生まれたわけだ。葉は枝先に3～5枚が集まってつき、長さ10～12cm。春、タケノコが伸びるのと入れ替わりに古い葉は黄ばんで散るが、これを俳句では「竹の秋」と呼ぶ。稈鞘（竹皮）はなめらかでまだら模様があり、食品包装に使われる。

■ **ミヤコザサ**（下の写真）

イネ科ササ属／2列互生

太平洋側の山に生えるササで、ひざ上ほどの高さに群生する。葉は幅3～4cmで、裏は毛でふわふわする。葉が目を引くのは冬。乾燥しやすい縁の部分が枯れ込んで、白く隈どられる。雪の深い日本海側にはミヤコザサはなく、代わりに高さ2～3mと雪上に葉を出せるチシマザサやチマキザサが分布する。

■ **アズマネザサ**

イネ科メダケ属／2列互生

関東の雑木林に多いササ。一般に、稈が高く伸びてタケノコの皮がすぐ落ちるのをタケ、低く茂って皮がずっと残るのをササと呼んでいる。アズマネザサの葉は幅約2cmで細長く、一つの節から多数の枝が出る。西日本のものは葉の幅がやや広い変種のネザサ。雑木林が放置されると、ネザサ類も高さ3～4mのやぶになり、林床の草花も咲かなくなる。

ミヤコザサ　冬、葉は白く隈取られる

葉っぱの形⑬　単子葉植物《たんしようしょくぶつ》②

風になびく細身の葉っぱ

今まで見てきたような幅の広い葉っぱは、どれも真正面から太陽に向き合い、できるだけ多く光を受けようとしていました。でも、まったく別の戦略もあります。イネ科やカヤツリグサ科の細長い葉っぱは、どれも斜め上に向かってぴんと伸び、同じ株の葉っぱ同士、仲よく光を分け合おうとするのです。

■ ナキリスゲ

カヤツリグサ科スゲ属／叢生。茎葉は2列互生

雑木林などに生える常緑多年草。葉は幅3～4㎜、長さ50㎝くらいで、断面はきれいなV字形。鋼材にV字鋼があるように、平面をV字に曲げれば力学的に強度が増す。なるほど、細くてもぴんと強いわけだ。根際でV字同士が組み合わさって三角形をつくっているのも面白い。葉の縁はざらざらし、ルーペで見るとまるで糸鋸の刃。名も、葉が切れるという意味。秋に花をつける。

■ コハリスゲ

カヤツリグサ科スゲ属／叢生。茎葉は2列互生

山の湿地に見られる多年草。葉は長さ15㎝ほどで糸のように細い。これでは大して光も受けられないだろうにと思うが、どんな事情があるのかな。初夏に星を思わせる小さな花序が天を仰ぐ。

■ カゼクサ

イネ科スズメガヤ属／叢生。茎葉は2列互生

野道に多い多年草。葉は長さ約40㎝、幅約5㎜。面白いことに必ず1か所、くびれがある。葉が伸びる前に茎の節に押しつけられていた部分がくびれるのだ。昔の人は葉を12等分して、くびれが当たる位置でその年に襲来する台風を占ったりもしたんだって。

■ オオムギ

イネ科オオムギ属／叢生。茎葉は2列互生

ふつう単にムギといえばオオムギのこと。しょうゆに麦茶にと、日々恩恵にあずかる一年草。葉は中途でよじれて裏返しになる。よじれることで安定性が増して、葉は垂れずにぴんと立つ。でも、そうすると表と裏、両面に光があたるので、オオムギは葉の両面に同じ数だけ気孔をつけた。これならどちらの面に光が当たっても問題ない。

コムギの若芽

葉はオオムギと同じく途中でよじれる

■ ムラサキエノコロ

エノコログサの1品種で、花穂が紫色を帯びるもの。夏の農道などでよく見かける。

■ エノコログサ

イネ科エノコログサ属／叢生。茎葉は2列互生

道ばたや空き地の一年草。別名ネコジャラシ。葉は柔らかい。葉の基部に続く部分は、茎を包み込み、そのまま節のところまで続いている。この部分を「葉鞘」という（タケやササでは稈鞘とよぶ）。えのころは犬ころのことで、ふわふわ花穂はまるで子犬のしっぽ。花穂（かすい）を軽く掌に握り、力を入れたりゆるめたりすると、まるで毛虫のように動く。仲間に、花穂が金色になるキンエノコロがある。

■ ウラハグサ（フウチソウ）

イネ科ウラハグサ属／叢生。茎葉は2列互生

山地の岩などに生える多年草。1属1種で日本特産。名は裏葉草。葉の裏表が逆転している変わり者だ。葉は必ず基部でよじれ、葉脈の浮き出た裏面が上になる。裏の方が光沢があって緑も濃い。計画的な裏返し、とみた。写真は斑入りの園芸品種で、和風の観葉植物として風知草と呼ぶ。

■ イネ

イネ科イネ属／叢生。茎葉は2列互生

東南アジア原産の一年草。この穀粒が米である。日本では穀粒の短いジャポニカ種が栽培される。葉は幅約1㎝、長さ40～50㎝。葉の縁はざらつくが、これはガラス質の珪酸体を含むため。葉をしっかり立たせ、草食動物の食欲をそぐ意味がある。珪酸体は植物が枯れた後も、プラントオパールとして半永久的に土に残り、遺跡での栽培史を語る証人となる。

葉っぱの形⑭　単子葉植物《たんしようしょくぶつ》③

天に向かう緑の剣《けん》

ゆるぎなく、天に向かうみずみずしい剣。アヤメ科の植物たちは目も綾に、緑の刃を織りなします。一方、鋭い矛《ほこ》をがっちりと構えたのはネギの仲間。葉っぱは、光に向かう植物たちの、研ぎ澄まされた武器なのです。ところで、剣や矛の葉っぱたち、どっちが裏でどっちが表？　よく分からないような…？

■ ネギ

ユリ科ネギ属／鱗茎、互生

中国渡来の多年草。独特の臭気と辛味の野菜。葉は中空。なんでだろう？　葉の基部は茎を包む葉鞘に続く。葉鞘は基本的に葉の裏面につながる。そう思って白い茎を下から上へと指でたどると…、あれ？　葉の丸い面はすべて「裏」になってしまう。ネギの中空の葉は、本来は裏にあたる面がぐるっと丸く閉じて、筒になった構造なのだ。全部裏なので「単面葉」という。「茎」と見える部分も、じつは葉鞘が重なり合ったもので、本物の茎ではない。「偽茎」という。p103参照。

■ シャガ

アヤメ科アヤメ属／2列互生

古く中国から来た常緑の多年草。葉はつけねで二つ折りになって茎や若い葉をはさみ、先の方はそのまま表面同士が癒着して1枚の葉になる。つまり、外から見えるのは、二つ折りになった葉の裏で、表面は基部にちょっとだけのぞく。ネギの空洞の葉をぺたっと平らに押しつぶしたと考えればよい。

■ アヤメ

アヤメ科アヤメ属／2列互生

山の草原に生える多年草。栽培もされる。この葉もシャガと同じように、見えている両面とも、本来は葉の裏面。葉の両面に気孔や葉緑体があって、まったく同じつくりになっている。葉がV字にきっちり並ぶことから、「文目（あやめ）」と名がついたとも。

■ ヤブカンゾウ

ユリ科ワスレグサ属／2列互生

里の野道でよく見る多年草。春の若葉は食べられる。二つ折りになった葉が行儀よく重なり合い、お雛さまのよう。ただし二つ折りになるのは最初だけで、すぐに開いて長さ60cmの柔らかな弧を描く。夏に咲く八重咲きの花は美しいが実はできず、一重咲きのノカンゾウの変種とされる。

■ タマネギ

ユリ科ネギ属／偽茎で[illegible]状

球根をもつ多年草。切れば同心円のリングになる。これは、ネギでいえば偽茎の部分が厚くふとったもの。その一ひらを「鱗片」、全体を「鱗茎」とよぶ。では茎はどこ？　タマネギの底、鱗片が合わさっていて根が出てくる、あの部分が茎である。外側を包む茶色い薄皮は、外側の鱗片が乾いたもの。鱗茎から伸びる緑の葉は、ネギと同様、中空だ。写真は鱗片の表皮にアントシアンを含む品種の赤タマネギ。p103参照。

■ キショウブ

アヤメ科アヤメ属／2列互生

初夏の水辺を彩る多年草。葉は水中から突き出して、全長1mになる。これも全部が裏の単面葉で、中心をずれた位置に中肋がある。欧州原産だが、観賞用に輸入されたものが逃げだし、全国の水辺に野生化した。

■ ヒガンバナ

ヒガンバナ科ヒガンバナ属／鱗茎、根生

古く中国から来た多年草。ほかの植物とは逆に、葉は冬じゅう緑に茂り、春から夏は枯れてしまう。光を争うライバルがいない間に養分を蓄え、あとは球根で寝て過ごす作戦だ。葉も球根も有毒で、動物に食われることもない。秋の彼岸のころ、何もないように見える場所から、いきなり花茎が立ち、華麗な花が咲く。葉は花後に伸び出し、花と葉は顔を合わせない。

■ ニワゼキショウ

アヤメ科ニワゼキショウ属／2列互生

北米原産の多年草。明治時代に帰化し、芝生の雑草になっている。草丈は高さ10㎝ほどと小さいながら、葉は襟元をきっちりと合わせて隙がなく、アヤメ科の特徴を備えている。花は6弁、初夏の芝生に紫色の星を散らす。つぼみや実も球形でかわいい。

葉っぱの形⑮　単子葉植物《たんしようしょくぶつ》④

日本最大の葉っぱは？
バナナとそっくりのバショウ

日本最大の葉っぱって？　それはきっと、バショウでしょう。中国から来たバナナの仲間で、葉はなんと、長さ3m、幅50㎝以上！江戸時代の俳聖、松尾芭蕉が俳号に名乗ったのも、納得。でも、驚くのはまだ早い。これって、高さ4mの「草」なんです！　地上部分はみんな葉っぱって、どういうコト!?

■ バショウ

バショウ科バショウ属／偽茎で互生状

中国原産の多年草。姿はバナナそっくりだが、食用にはならず、観賞用に栽培される。葉はサーフィンボードほどもあり、長い柄がある。太い中肋からは左右に整然と側脈が並ぶ。雨風に打たれると葉は側脈のところでびりびりに裂けてしまうが、それも大損害をまぬがれるための作戦のうち。「木」とは、茎が木質化して肥大し、地上部が何年も生きるものをいう。ところがバショウで幹と見える部分は、ネギ同様、多数の葉鞘が重なった偽茎でしかない。本物の茎は、地下の巨大なイモ（塊茎）の部分。地上部は、葉鞘と葉柄と葉身、それに花茎だけ。つまり高さ4mの「草」なのだ。

地上の重量を支えるために、葉鞘には強い繊維が通っている。バナナやリュウキュウイトバショウの繊維からは芭蕉布がつくられる。船舶用のロープの原料になるマニラアサも、バナナそっくりの仲間だ。

葉っぱの形⑯　針葉樹《しんようじゅ》

針の葉っぱ 鱗《うろこ》の葉っぱ

今度は針葉樹の仲間たち。進化の上では先輩ということになるけれど、生命力なら後輩の広葉樹たちに負けないぞ。寒い地方、高い山、岩だらけの山、海岸など、広葉樹が住みにくいような場所でも、針葉樹はしっかり根を張って生きています。針の葉っぱに鱗の葉っぱ。どんな知恵が隠れているのでしょう？

■ コウヤマキ

コウヤマキ科コウヤマキ属／輪生状

山の常緑高木で庭園にも植える。葉は進化を語る。祖先種は、マツのように2本の針葉を短枝につけていた。その2本が癒着して1枚の葉になった。だからよく見ると、葉の中央に縦に続く溝がある。全体を見れば、長枝と短枝があり、葉1枚だけの短枝が長枝の先に輪生する。だが繁栄は長くは続かなかった。第三紀までは世界各地に仲間がいたが、今は1属1種。日本にのみ現存する。

■ アカマツ

マツ科マツ属／短枝に束生

野山の常緑高木。葉の一つ一つは細い針状。それが2本でペアになり、ごく短い枝（短枝）につく。散るときも短枝ごと。だからマツの落ち葉はV字形だ。短枝に対し、ふつうの枝は長枝という。短枝と長枝の表面にあるささくれ状の鱗片葉は、退化した葉の名残。p21参照。

ヒノキ表面の拡大

■ メタセコイア

スギ科メタセコイア属／対生

中国南西部原産の落葉高木。長く化石として知られ、生きた植物が見つかったときは世界中が驚いた。細く柔らかな針の1本1本が、一つの葉。それが側枝に対生し、さらに側枝も枝に対生する。側枝1本が羽状複葉のように見え、秋には側枝ごとまとめて散る。

■ ヒヨクヒバ（イトヒバ）

ヒノキ科ヒノキ属／十字対生

常緑高木のサワラ（ヒバ）の園芸品種で、枝が長くしだれる。サワラ類の枝も平たく、鱗状の小さな葉がぎっしり並ぶ。裏側の気孔帯は、アルファベットのXかチョウチョに見える。サワラも日本固有種。園芸品種も多い。

カイヅカイブキ

針状の葉は、勢いが強いと3輪生になる

■ ヒノキ

ヒノキ科ヒノキ属／十字対生

日本固有の常緑高木。枝には細かい鱗状の葉がぎっしり、タイルのよう。タイル一つが1枚の葉。葉には2型がある。表と裏の面には菱形で小さな葉。側面には二つ折りになって表裏にまたがる大きめの葉。それらが十字対生に並ぶ。裏面には葉の境目に沿って白い気孔線があり、ヒノキではこれがYの字の形。小さく厚い葉は、寒さや乾燥に強い。その葉をぎっしり敷き詰めて、ヒノキはじつに隙がない。

■ スギ

スギ科スギ属／らせん状に互生

日本固有の常緑高木。枝はトゲトゲ、トゲ一つが一つの葉だ。葉は鎌状に曲がった針の形で、枝にらせんを描いてつく。葉は枝と一体化し、古くなると枝ごと落ちる。だから杉林の下は枯れ枝だらけ。葉や幹は精油成分を含んで病虫害を未然に防ぐ。精油の爽やかな香りは空気中にも漂い、人を森林浴に誘う。

スギは枝ごと落葉する

■ カイヅカイブキ

ヒノキ科ビャクシン属／十字対生

常緑高木のイブキ（ビャクシン）の園芸品種。イブキは二重人格者だ。ふだんの枝は鱗状の葉がぎっしり十字対生に並び、断面は丸い。だが剪定後などに伸びる枝は、スギに似た針状の葉が3輪生し、トゲトゲになる。進化の上では針状葉のほうが古いタイプ。体内のホルモンバランスの急変で、一時的に"赤ちゃん返り"？するらしい。枝が伸びるにつれ、次第にトゲトゲ気分はおさまり、穏やかな表情に戻る。

葉っぱの形⑰　シダ植物①

葉っぱの役割は？ 栄養葉《えいようよう》と胞子葉《ほうしよう》

くるくる渦巻くシダの葉っぱ。木性シダをのぞけば、シダの地上部分は、どんな形でもすべて1枚の葉っぱです。シダの葉っぱには、二つの仕事があります。光を浴びてデンプンを作ることと、胞子をつくること。二つの仕事を1枚でこなすシダもあれば、2種類の葉っぱで役割を分担をしているシダもあります。

■ ヤマドリゼンマイ

ゼンマイ科ゼンマイ属／叢生

山の湿原に生える夏緑性のシダ。ひざ上くらいの高さに群生する。ゼンマイの仲間で、ふつうの葉（栄養葉）と胞子をつける葉（胞子葉）を別々に出す。栄養葉は明るい黄緑色で秋まで元気だが、カズノコ状の胞子葉は初夏に胞子を散らすと枯れる。春の若葉はゼンマイに似て、アク抜きすれば食べられる。
写真はまだ若い葉。

■ ホラシノブ

ホングウシダ科ホラシノブ属／叢生

暖地の崖や石垣から、繊細な葉をさしのべる常緑のシダ。葉は硬い感触で、細かく裂けた先端にソーラス（胞子嚢群）がつくのが特徴。写真は伸び出たばかりの若い葉。

■ イワデンダ

イワデンダ科イワデンダ属／叢生

石垣などに見る夏緑性のシダ。掌サイズの葉が垂れ下がる。葉の裏には、丸い斑点が十数個、葉の縁にぐるっと並ぶ。これはソーラス（胞子嚢群）、胞子を作る工場だ。ほこりのように小さな胞子たちは、風に乗って旅立っていく。

■ クサソテツ

イワデンダ科クサソテツ属／叢生

山の沢沿いに生える夏緑性のシダ。葉（栄養葉）は地際からクジャクの尾羽のように放射状に広がる。若葉はコゴミと呼ばれ、あくもなくて、おいしく食べられる。胞子葉は栄養葉とは別に出て、胞子が散った後もドライフラワーのようになって立っている。

■ ワラビ

コバノイシカグマ科ワラビ属／単生状

草地に生える夏緑性のシダ。地下にのびる根茎から、互いにかなり離れて1枚ずつ葉が立つので、単生しているように見える。若葉は小さなこぶしを振り上げる。手折れば山菜、そのまま育てば高さ1m以上になる。食べるのは主に葉柄の部分。葉に発ガン物質を含み、動物は食べないが、熱い灰汁であくを抜けば無害になる。胞子は成長した葉の縁でつくられる。

葉っぱの形⑱　シダ植物②

スギナやツクシ 葉っぱは、どこ？

「ツクシ誰の子、スギナの子♪」と歌われるスギナも、シダ植物の仲間。さて、クイズです。ツクシとスギナの関係は？　スギナの葉っぱはどこ？　ドキッとした人もフフッと思った人も、さあ、じっくり見てみましょう。思い描くは太古の森。地球上の大先輩、コケ植物の葉っぱも、ついでにちょっとのぞきましょう。

■ スギナ

トクサ科トクサ属／輪生

草地に生える原始的なシダ植物。スギナとツクシは同じ植物の別パーツだ。ふつう緑色をした栄養体をスギナ、春に出る胞子体をツクシとよぶ。スギナの体は大半が茎。茎の節から輪生するのも葉ではなくて枝だ。葉緑体や気孔も茎や枝にある。見ると、枝の節に小さなささくれがある。これが葉だ。葉脈1本でごく小さい。茎の節では、葉が隣同士くっつき、茎をぐるりと取り巻く「はかま」になる。

■ トクサ

トクサ科トクサ属／輪生

スギナと同属のシダ植物。常緑の茎は高さ約50㎝。節をとりまく「はかま」だけが葉、あとは茎。茎は節のところで、すこん、と抜ける。ツクシの頭そっくりの胞子嚢穂は、茎の先につく。茎は珪酸（シリコン）を含んで硬く、ざらざら。昔、砥石（といし）の用途に使ったので「砥草」。

■ ツクシ

ツクシはスギナの一部分。胞子をつくるためのオプションパーツ、いわばスギナの「花」のようなもの。節の「はかま」は葉にあたる。葉緑体はなく、地下茎（根茎）を介してスギナから栄養をもらう。

■ ツボゴケ

チョウチンゴケ科ツルチョウチンゴケ属／2並列状

コケはシダより原始的。体も小さく、つくりもさらに簡単。この葉は長さ3㎜、観察にはルーペがほしい。葉は１層の細胞からなり、透けるほどの薄さ。中肋に、まだ維管束というものはない。

■ ナガヒツジゴケ

アオギヌゴケ科アオギヌゴケ属／対生状

コケも胞子をつくって増える。蒴（さく：胞子をつくるところ）の形や色はさまざま。森の小さな宝石探し。

■ エキセツム・ミリオカエツム
Equisetum myriochaetum

トクサ科トクサ属／輪生

なんと高さ5m！　中南米の湿地に生える「お化け？スギナ」である。やはり大半は茎で、節々から細い枝が見事に輪生する。枝のささくれと茎のハカマの部分だけが葉にあたる。
トクサの仲間が地球史上、最も栄えたのは、約3億年前の古生代石炭紀のころ。巨大トンボやゴキブリが陸の王者だったころである。茎は直径約30㎝、高さ約30m、じつに10階建てのビルに匹敵する巨大トクサの森を想像してみてほしい。写真のお化けスギナは、太古の面影を今に伝えてくれる。トクサやスギナは、大きさこそ違っても、体の形やしくみは古生代からほとんど変わっていない。生きた化石、といわれるゆえんである。

3章　ドッキリ、ビックリ！　葉っぱの知恵

緑の洪水

　急に視界が開けて、いま来た道を振り返ると、そこは緑。一面、緑の洪水。風の涼しさ。木々の香り。オオルリのさえずりも耳に心地よく響いてきます。
　立ち止まって息を整えていると、緑に濃淡が見えてきます。木々の輪郭も一つ一つ、くっきりと浮かび上がってきて、ふと気づけば、一面の緑と思った光景は、複雑に入り組んだジグソーパズルに変わっているのでした。
　光と水と土と。変化に富む地形は、多様な生活空間をつくり出します。ときおり起こる増水や斜面の崩壊も、地形に変化を与え、植物たちに新たな空間を提供します。
　さまざまな植物が樹冠《じゅかん》を広げるこの森に、いったいどれだけの生命が息づいていることでしょう。虫は葉を食べ、小鳥は虫を食べ、空に鷹が舞い…。やがて生き物たちは土にかえり、小さな双葉となってよみがえります。
　ゆっくり深く呼吸して、私は森の一部としての自分の存在を感じていました。

緑の光線

一歩入ると、森の中は空気まで緑に染まっていました。木々の香り、土のにおい。立ち昇る水蒸気は、目に見えないベールとなって肌をやさしく包みます。

太陽の光は、植物たちに生きるエネルギーを与えます。七色の光のカクテルから、植物たちは必要な光をより分けます。光合成に使うのは、赤い光。緑色の光は葉に吸収されることなく、そのまま葉を貫通します。葉っぱが緑なのは、それが赤の補色だから。緑色の光がまったく使われないからなのです。

林床に生きる植物たちにとって、降り注ぐ緑の光線は、いわば木々のおさがり、使い古し。だから、ちらちらこぼれる木漏れ日の光は、量はわずかであっても貴重です。

どうすれば光の中に生き、光を紡ぎ上げることができるだろう。林床に生きる植物たちのそんな小さなつぶやきが、ふと心に伝わってきます。ね、耳を澄ませて、心を開いて。森の生命が語りかけてる。

葉っぱの知恵① 寿命《じゅみょう》

妖精のはかなさ ときわの長寿

植物を企業とすれば、葉っぱは傘下のデンプン生産工場。生産高から設備投資とランニングコストを差し引いた額が、工場の収益です。ところが生産高は光環境に大きく左右されます。工場も古くなれば生産効率が落ちてきます。いつ、どのくらい、葉っぱをつけ替えるのが最適なのか。葉っぱの寿命には、そんな企業戦略が隠されています。

落葉樹《らくようじゅ》の葉

落葉樹の葉は、常緑樹に比べて安上がりにつくられている。薄くて長持ちしない。春から秋までの命。それでも、春の最初に開く葉と後から伸び出る葉とスタート時期にはばらつきがある。紅葉の前から少しずつ、ぱらぱらと散ったりもする。最初と最後のばらつき具合は、落葉樹の種類によってかなり違う。はじめから「春葉」「夏葉」と、時期も性質も違う葉を準備している種類もある。薄くて防護も不十分な落葉樹の葉は、病気や虫、大気汚染にもやられやすい。中途で命を落とす不慮の事故も、落葉樹の葉にはつきものである。

■ ケヤキ

ニレ科ケヤキ属／互生

町中でもよく見られる落葉高木。毎年、同じ並木道を通っていると、いろいろ気づく。たとえば同じケヤキでも遺伝的な個性があり、木によっては芽吹きが他より1週間近く遅い。年によっては、夏に大半の葉が落ちて、再び芽吹くこともあるが、これは光化学スモッグによる異常な落葉である。無事に秋の紅葉を迎えられる葉は、幸せものだ。p14参照。

スプリング・エフェメラルズ

落葉樹林の林床（りんしょう）に生き、春の短期間にだけ地上に姿を現す多年草の総称。「エフェメラ」はラテン語でカゲロウ、「エフェメラル」ははかない、うたかたの、といった意味。意訳すれば「春の妖精」。他に先駆けて芽を出すと、林床に光が降り注ぐわずか2、3か月の間に、あわただしく花を咲かせ、実を結び、地上部を枯らして地下の球根や地下茎で眠りにつく。カタクリ、イチゲの仲間、ニリンソウ、セツブンソウのほか、フクジュソウ、エゾエンゴサク、アマナなども、「春の妖精」の花々だ。

■ カタクリ

ユリ科カタクリ属／根生

落葉樹林に群生する多年草。葉は淡いエメラルドグリーンで、ふつう、紫色の斑紋が入る。種子が芽生えてから花が咲くまで約8年。最初の年は糸のような葉が1本。2年、3年…葉の幅は広がるが、それでもずっと1枚だけ。ようやく8年目、花と同時に2枚の葉も出て、すごろくの「上がり」。でも、人に葉を摘まれたりすれば、何コマ分も後戻りしてしまう。地下にある鱗茎も、葉が変形したもの。

■アズマイチゲ

キンポウゲ科イチリンソウ属／根生／輪生

落葉樹林の多年草。名の「一華」は、花を一つずつ咲かせるから。まだ木々が芽吹く前に起き出して、ちょっと青白い葉を広げ、精いっぱい背伸びして瞳を輝かせる。花に会いたければ、芽吹き前の山に登ろう。沢沿いの斜面、落ち葉の間から咲く。

常緑樹《じょうりょくじゅ》の葉

いつも緑の常緑樹。葉の一つ一つには、多額の設備投資がなされていて、丈夫で長いこと効率よく稼働する。でも実際、葉の一つ一つは、何年くらい生きているのだろう。枝を見ると、それが分かる。毎年、新しい葉を出すキンモクセイは、枝の伸びから、前年の葉、前々年の葉と、過去をさかのぼることができる。写真は春先の状態。3年前の葉はほぼ全部、4年前の葉は少し、枝に残っている。このことから、キンモクセイの葉の寿命は3〜4年と推定できる。

■ キンモクセイ

モクセイ科モクセイ属／対生

庭や公園によく植えられる常緑小高木。すべて雄株で実はできず、挿し木で殖やしたクローンなので、遺伝的なばらつきもない。もし土地によって、葉の寿命に差があるならば、それは環境の影響ということになる。葉のつけねには腋芽（えきが）がつく。キンモクセイの腋芽はとがった角の形だが、一つでなく、予備の分まで三つも並んでいる点がおもしろい。写真は春のようす。秋のようすはp16参照。

■ キクザキイチリンソウ（キクザキイチゲ）

キンポウゲ科イチリンソウ属／根生／輪生

落葉樹林の多年草。山の斜面にいち早く咲く。雪解けの遅い豪雪地帯では、地上の生は2か月にも満たない。花茎には、3出複葉の葉が3輪生。小さな株は花をつけず、2回3出複葉の葉だけが地上に出る。花は紫やピンク、白と色とりどり。晴れた日中に開き、夕方に閉じることを繰り返す。

■ セツブンソウ

キンポウゲ科セツブンソウ属／根生／輪生

落葉樹林の多年草。本州中部、主に石灰岩地の山で見られる。沢にまだ蒼氷が残る2月の秩父で、透けるように白い花を見つけた。夜は氷点下の寒さ。この小さな体のどこに、強さが潜んでいるのだろう。新緑のころにはもう、その年の総決算を終え、実を結んで店じまいにかかる。

■ ニリンソウ

キンポウゲ科イチリンソウ属／根生、茎葉は輪生

山麓の雑木林に群生する多年草。たいてい2個ずつ、白い花をつける。葉は3輪生して深く裂け、表面に白い斑が入る。山菜にもされるが、猛毒のトリカブトの若葉も似ているので要注意。

葉っぱの知恵② 赤い芽

春なのに紅葉？ いえ、これは新葉です

あれ、サクラと紅葉が同じ枝に？ いえ、赤くてもこれは若葉。若い葉っぱが赤い色素のアントシアンをたっぷり含み、真っ赤に染まっているのです。これは葉っぱのサングラス。幼くて無防備な細胞を、有害な紫外線や寒さから守っています。葉っぱが成熟して緑が濃くなるにつれ、赤い色は薄らいていきます。

■ イロハモミジ ‘出猩々（でしょうじょう）’

カエデ科カエデ属／対生

カエデの園芸品種の一つで、新芽が澄んだ赤に染まる。葉が完全に開ききると、緑色になる。

■ ヤマザクラ

バラ科サクラ属／互生

野山の落葉高木。花と同時に赤茶色の若葉が開く。江戸時代にソメイヨシノが作り出されるまでは、サクラといえばヤマザクラを指した。楚々とした風情があり、私は好きだ。

■ カナメモチ ‘レッドロビン’

バラ科カナメモチ属／互生

生垣に植えられる常緑小高木。新芽が赤いカナメモチの交配種で、さらに大きく色鮮やか。葉は開ききると緑になるが、枝を刈り込めば、再び赤い新芽が伸びてくる。

■ オオバベニガシワ

トウダイグサ科アミガサギリ属／互生

中国原産の落葉低木。若葉は愛らしい紅色で、枝先に花びらのように集まる。葉は成長すると赤みも消え、人の顔ほどに大きくなる。葉の裏側、葉脈の基部に数個の蜜腺があり、アリが蜜をなめに集まる。

■ アカメガシワ

トウダイグサ科アカメガシワ属／互生

明るい場所に生える落葉高木で、町にも多い。春先の新芽は燃えるよう。若木は夏まで次々に赤い若葉を出す。葉は手のひらサイズになり、昔はお皿に利用した。名にカシワとつくのもその名残。五菜葉（ごさいば）、菜盛葉（さいもりば）などの名も残る。葉の表側基部に蜜腺がある（p85参照）。雌雄異株（しゆういしゅ）で、雌株に熟す実はカラスの好物。夏の早朝、隣家のアカメガシワから、カァカァと大合唱が響いて目が覚める。

■ モッコク

ツバキ科モッコク属／互生

海岸性の常緑高木で、庭木とされる。若葉は赤みを帯び、枝先に集まってつく。葉が緑に変わって開ききるころ、前年の葉はばらばらと散る。

葉っぱの知恵③　大きさ①

草の葉っぱ 大きいの小さいの

草の葉っぱの大きさ探し。小さい葉っぱはどこで見る？　町を歩けば足もとに。大きな葉っぱはどこに多い？　畑や野原や森の中。短い間に次々と種子をばらまく雑草たちは、葉っぱをつくるにも小口の投資を重ねます。一方、事業の見通しがつく大御所たちは、生産効率の高い大きな葉っぱを悠然と広げます。

■ ゴボウ

キク科ゴボウ属／根生、茎葉は互生

ユーラシア原産の二年草。有史以前に日本に来て、雑草から野菜に昇格した。香り高い根菜。葉を食べるための「葉ゴボウ」と呼ぶ品種もある。日本以外の国では食べる習慣がほとんどなく、草地の雑草になっている。もともとロゼット植物で、発芽後2年目の夏に高さ2mの花茎を立てる。葉は長さ50㎝になり、裏に白い綿毛が密生する。

■ ノミノツヅリ

ナデシコ科ノミノツヅリ属／対生

道ばたや畑の一年草または越年草。長さ5㎜ほどの小さな葉を、蚤（ノミ）の綴り（つづり：粗末な衣服）に見立てた。冬越しの株は節の間が詰まって別人のよう。白い花も径5㎜とミニミニサイズ。

4月の花の時期の姿

ノミノツヅリの早春の姿

■ ノミノフスマ

ナデシコ科ハコベ属／対生

田畑や野原の一年草または越年草。葉は長さ約1.5㎝とノミノツヅリより大きく、蚤（ノミ）の衾（ふすま：ふとんのこと）。冬越しして春に咲いた花は径1㎝できれい。でも、春に芽生えて夏に咲く花は、花びらが発達せず、小さくて目立たない。

■ ヤグルマソウ

ユキノシタ科ヤグルマソウ属／根生

山の谷間に生える多年草。葉は5小葉からなる特大サイズの掌状複葉で、鯉のぼりの竿の先で回る矢車に形が似ているので名が付いた。大きな葉は、沢の対岸からもよく目立つ。

■ ハラン（バラン）

ユリ科ハラン属／叢生

中国原産の常緑多年草。横に走る地下茎から、丈夫な葉柄が垂直に立ち上がる。葉は長さ50～60cm、幅15cm、つややかでしなやか。我が家の庭の隅にも植えてあり、葉を切って刺身皿に敷いたり仕切りにしたりと重宝している。日陰でも育ち、一年中、利用できるのがありがたい。折り詰めのビニールの仕切りをバランと呼ぶが、元祖はこれ（p105参照）。

■ フキ

キク科フキ属／叢生

野山の多年草。ミツバとともに数少ない日本生まれの野菜で、食べる部分は葉柄（茎ではない！）とつぼみ（フキノトウ：p102参照）。丸く大きな葉身は柔らかく、昔はこれをトイレットペーパー代わりに拭いたので「ふき」。北日本に見られる変種のアキタブキの葉は、トトロが傘に使えるほど巨大で直径1.5m、葉柄も長さ2m、直径7cmになる。p80参照。

葉っぱの知恵④　大きさ②

木の葉っぱ大きいの小さいの

木の葉っぱも、こんなにサイズが違います。日本の広葉樹の中で最小の葉っぱをつけるのは、寒さや乾燥に強いツツジ科などの高山植物です。野山の木なら、ツゲかイヌツゲ。最大は、間違いなくホオノキです。暖かく水に恵まれて、心おきなく大きな葉を広げられる、豊かな日本の森。大切に守りたいものです。

■ シュロ

ヤシ科シュロ属／束生

中国原産の常緑高木。ヤシ科の庭園樹だが、かなり寒さに強く、暖地や都会に野生化した。葉は直径90㎝くらい。葉が落ちた後も、葉柄基部の葉鞘は幹に残り、分厚い繊維層となって幹を保温する。この黒褐色の繊維はとても丈夫で水にも強いので、シュロ縄やたわしが作られる。シュロの葉先は垂れ下がる。よく似て垂れ下がらないのは別種のトウジュロ。

■ アメリカスズカケノキ

スズカケノキ属スズカケノキ属／互生

北米原産の落葉高木。この仲間はプラタナスと呼ばれ、街路樹や公園樹としてお馴染みだ。乳白色のすべすべした樹肌、ピンポン玉のような実も特徴的。葉は浅く3～5裂して直径20㎝、秋に黄葉して、歩道にガサガサと積もる。仲間に、葉が深く裂けるスズカケノキ、両者の雑種で葉の形も中間的なモミジバスズカケノキがある。

この仲間は、冬芽のでき方が面白い。葉柄の内部に、すっぽり包まれて芽が育つ。これを葉柄内芽（ようへいないが）という。葉が枯れて落ちるとき、ちょうどキャップが外れるようにして、芽が姿を現す。

■ ホオノキ

モクレン科モクレン属／互生

野山の雄大な落葉高木。幹も枝も葉も花も、すべてビッグ。葉は長さ40㎝、幅25㎝にもなり、昔はホイル代わりに使われた。葉に味噌や好みの具をのせて炭火で焼く「朴葉（ほおば）焼き」は今に伝わる郷土料理だ（p104参照）。春、展開した葉は枝先に集まってつき、大きな風車のように見える。このあと、夏から秋まで伸び続ける新枝の葉は、はっきりと互生する。

ホオノキの冬芽（ふゆめ）は、革のような手触りをした2枚の芽鱗（がりん）にすっぽり包まれている。春、芽鱗はぺろんと剥がれ、托葉を伴った若葉が次々に開く。開く前の冬芽を分解してみると、まるでロシアのマトリョーシカのように、中表に折り畳まれた幼い葉がぎっしり入れ子になっている。

■ マメツゲ

モチノキ科モチノキ属／互生

生垣やトピアリーに使う常緑低木。野山に自生するイヌツゲの園芸品種で、葉はさらに小さく光沢があり、丸く反る。よくツゲと混同されるが、ツゲはツゲ科で葉が対生、イヌツゲやその園芸種はモチノキ科で葉は互生する。

葉っぱの知恵⑤　葉枕《ようちん》

夜はすやすやマメ科の葉っぱ

気持ちのいい夜は、植物散歩に出てみませんか。夜に咲く花、香る花。そして、かわいい寝姿も。懐中電灯の光の中で、クズにネムノキ、クローバー…、葉っぱをだらんと垂らしていたり、ぴっちり閉じて熟睡してたり。マメ科の植物の多くは、葉っぱや小葉のつけねに開閉装置の関節があり、夜には葉っぱや小葉を閉じて眠ります。この関節のことを葉枕と呼びます。

■ クズ

マメ科クズ属／互生

野山に繁茂するつる性の半低木。葉は3小葉からなる。小葉といっても、子どもがお面にして遊べるほど大きい。注意して見ると、葉の角度は一日のうちで変化する。朝は平らに開き、晴れた日盛りは上向きに立ち上がり、夜は下向きに垂れるのだ。小葉の基部にふくれた部分（葉枕：ようちん）があり、ここの細胞が膨れたりしぼんだりして葉の角度を自在に変える。夜は葉を垂らして放射冷却を防いで暖かく眠り、昼は葉を立てて強すぎる光を調節する。p81参照。

クズの花は秋の七草に数えられている。あでやかな花が大きな房に咲くと、甘い香りがあたりに漂う。

■ レンゲソウ（ゲンゲ）

マメ科ゲンゲ属／互生

中国原産の越年草。田んぼの肥料植物として渡ってきた。根に共生している根粒（こんりゅう）バクテリアは、空気中の窒素ガスを取り込んでアンモニアに変え、レンゲソウはその一部をもらって育つ。そこで収穫後の田んぼに種子をまき、田植え前にすき込むと、根粒バクテリアが働いた分、土が肥える。葉は羽状複葉で夜もほとんど眠らないが、花はうつむいて眠る。

■ バウヒニア

マメ科ハカマカズラ属／互生

熱帯アジア原産の常緑小高木。ソシンカ、ムラサキソシンカなど、この属の花木を総称してこう呼ぶ。花はツツジを思わせる大きな漏斗形で、科を分ける意見もある。単身複葉の葉は、ちょうちょの形。欧米での愛称もバタフライツリー。夜は、上向きに二つ折りに閉じて眠る。日本の亜熱帯地域にはハカマカズラが自生し、先が二つに割れたかわいい葉をつける。

■ ヤハズソウ

マメ科ヤハズソウ属／互生

草地に生える多年草。葉は3小葉からなる。小葉をつまんで引っぱると、わぉ！　初心者マークの形！　何でだろうとよく見ると、側脈（そくみゃく）が斜め平行にきれいに並んでいる。この側脈に沿って葉がちぎれる。昔はこれを矢筈（矢羽）と見た。夜、葉は上向きにぴっちり閉じて眠る。ハギに近い仲間だが、花は目立たない。

■ ハナズオウ

マメ科ハナズオウ属／互生

中国原産の落葉低木。マメ科の大半が複葉だが、これは単葉。といっても葉柄の両端がふくらんでおり、もとは複葉だったのが小葉1枚になった単身複葉だと解釈される。葉枕はあるが、眠らない。マメ科の中では古い仲間で、バウヒニアとともにジャケツイバラ科に分ける人もいる。葉が出る前に幹や枝から直接花が咲く点も、熱帯の幹生花（かんせいか）のようでユニークだ。

■ ハリエンジュ（ニセアカシア）

マメ科ハリエンジュ属／互生

北米原産の落葉高木。並木や蜂蜜で有名な「アカシア」は、この木の俗称。葉は羽状複葉。小葉のどれか1枚に目印をつけ、端から順に「おせんべやけたかな」とたどって、止まったところをむしっていき、最後に目印の葉が残ったらラッキー、という子どもの遊びがある。秋に黄葉して散るとき、丸い小葉と軸はばらばらになる。p97参照。

ニセアカシアの葉は、夜になると下向きに閉じて眠る。奇数なので、先端の1枚はきまってあぶれる

■ ナンテンハギ

マメ科ソラマメ属／互生

明るい野山の多年草。葉には巻きひげもなく、ちっともマメ科らしくないが、ソラマメと同属。1対の偶数羽状複葉と、たいへんシンプル。別名もフタバハギ。ナンテンハギの名は、小葉の形がナンテンに、花がハギに似るから。若芽を小豆菜（あずきな）と呼んで食べる。この本のためにいろいろ観察した。この葉は不眠症だった。

■ ネムノキ

マメ科ネムノキ属／互生

野山に生える落葉高木。川沿いに多い。夏、枝の上に咲くピンクのふわふわの花は、車窓からもよく見える。葉はこれ全部で1枚。2回葉軸が分かれて小葉がつき、頂小葉がないので、2回偶数羽状複葉、である。

眠ったところ

「ねむのきの子守歌」で有名になった。葉は夜、小葉を下向きに閉じ、さらに全体をすぼめて垂れて眠る。寝姿は同じマメ科のオジギソウに似ているが、ネムノキは葉に触っても閉じたりはしない。

葉っぱの知恵⑥　綿毛《わたげ》

ふわふわ綿毛にくるまって

私たち人間が服を着て寒さや紫外線を防ぐように、植物たちもセーターやコートを着込んで、厳しい自然に耐えています。ふわふわ綿毛のセーターは、紫外線や寒さ、乾燥、それに潮風から身を守るのに格好です。銀白色に輝く、ふんわり柔らかな葉っぱたち。そっとなでると、ね、優しい気持ちになってくる…。

■ アサギリソウ

キク科ヨモギ属／互生

日本の高山植物だが、むしろ観葉植物として知られる多年草。写真も栽培品。茎の一部が木質化するので亜低木（あていぼく）とされることもある。葉は2回羽状に細く裂け、銀白色の絹毛でふわふわ。名は、白くかすんださまを朝の霧にたとえたもの。ふわふわ絹毛は寒さや紫外線を防ぐ大切な防護服だ。

上から見たところ

上から見たところ

■ シロタエギク ‘ダイヤモンド’

キク科シロタエギク属／根生、茎葉は互生

地中海沿岸原産の多年草。葉は白い毛を密生して、英名はダスティー・ミラー（粉まみれの粉屋）。銀白色の葉を楽しむ園芸品種がいくつもあり、写真は切れ込みが深いもの。寒さに強く、冬の庭でも葉の美しさを楽しめる。

■ チャノキ

ツバキ科ツバキ属／互生

中国～インド原産の常緑低木。葉にはカフェインやカテキンが含まれ、緑茶や紅茶がつくられる。カフェインは葉を食べる虫への防衛、カテキンも抗酸化作用と同時に防衛の意味がある。ツバキとは近い仲間なので交配ができ、チャノキとツバキを交雑させた新しい園芸種も作られている。

■ ラムズイヤー

シソ科イヌゴマ属／対生

小アジア原産の多年草。葉は白い軟毛に覆われ、なんて柔らかな手触り。子羊のふわふわ耳（ラムズイヤー）？　それとも赤ちゃんのほっぺ？　観葉植物として、またハーブとして利用される。花もきれい。

葉っぱの知恵⑦　照り葉

防水ワックスでコーティング

厚い革コートを着た植物たちもいます。夏は暑く、冬は寒く乾いた日本の暖地で、森の常緑樹はこぞって、葉っぱに防水ワックスをかけました。これが「クチクラ」、英語読みなら「キューティクル」。蝋やクチンからなり、表面からの水の蒸発や病原菌の侵入を防ぎます。光り輝く「照り葉」をつける木ですので、まとめて「照葉樹《しょうようじゅ》」と呼んでいます。

■ ヤマモモ

ヤマモモ科ヤマモモ属／互生

暖地の海辺に生える常緑高木。葉はしなやかな表革の手触り。こんもりと形よく茂り、街路樹や庭園にも人気。雌雄異株（しゆういしゅ）で、雌株には甘い実がなるが、知らないのか、地面に落ちて踏まれている（もったいない！）。根に共生する放線菌（ほうせんきん）が窒素ガスを取り込み、アンモニアを供給するので、やせ地にもよく育つ。

■ ウバメガシ

ブナ科コナラ属／互生

海辺の岩場に生える常緑高木で、西日本に多い。刈り込みに強く、生垣に使われる。葉は厚くて硬く、つやがあり、乾燥に強い。耐える強さは、一方で、維持経費の多さにつながる。その分、成長は遅く、材は目が詰まって硬く重い。備長炭（びんちょうたん）の原料として最上。

■ トベラ

トベラ科トベラ属／互生

海岸の常緑低木。潮風が吹きつける岩場に生える。葉は枝先に集まり、厚く、つやつや。表面コートは潮風ばかりでなく、排気ガスや煤煙にも強いので、幹線道路のグリーンベルトに植えられる。トベラは「扉」の意味で、昔、節分に鬼除けとして門扉に小枝をさしたことによる。確かに強い。

■ タブノキ

クスノキ科タブノキ属／互生

暖地の海岸の森にそびえる常緑高木。葉は厚く光沢があり、裏は白っぽい。クスノキ科だが3行脈（さんこうみゃく）でなく、香りも薄いので、別名イヌグス。写真は春。外側を覆っていたうろこのようなかたちの葉（鱗片葉）が開き、中から若葉が姿を現す。新しい葉が出そろうころ、鱗片葉は取れて落ちる。

■ ヤブツバキ

ツバキ科ツバキ属／互生

暖地の照葉樹林の紅一点。常緑の葉は、厚くて硬く、光り輝く。つばきの名も「艶葉木」または「厚葉木」からきたという。葉の表面を厚いクチクラでおおい、寒さや乾燥から身を守っている。春に咲く赤い花にはメジロやヒヨドリが訪れて蜜を吸い、花粉を運ぶ。葉のようすはp13参照。

葉っぱの知恵⑧　防衛《ぼうえい》

昆虫や動物に食べられちゃう！

植物たちの宿命、それは食べられてしまうこと。動けず逃げられず、光に向かって葉を広げるしかない植物たちは、虫や動物から見れば格好の餌食です。あらあら、こっちでぷちぷち、あっちでむしゃむしゃ。好き勝手に食べられ放題。…でもね、やられっ放しでもないんですよ。ほらね、ちゃんと秘策が。

■ ムシカリ

スイカズラ科ガマズミ属／対生

山の落葉小高木。ガマズミ類の葉は虫に好かれるらしい。ムシカリの名も、「虫食われ」がなまったものとか。犯人はサンゴジュハムシで、丸い食痕をいっぱい残す。庭木のサンゴジュの虫食いも同一犯の仕業だ。丸い葉は亀の甲羅を連想させ、オオカメノキの名も。

■ エニシダ

マメ科エニシダ属／互生

欧州原産の落葉低木。若い枝が濃い緑色なので、常緑のように見える。葉は3出複葉、枝先では小葉が1枚になる。葉はアルカロイドを含んで苦く、有毒だが、薬用にもなる。欧州では昔、この枝で箒をつくり、若芽をビールの苦みづけに使った。

■ みのむし（ミノガ類の幼虫）

ミノガ科

「みのむし」はミノガ類の幼虫。小枝や葉を集めて紡錘形の蓑（みの）をつくり、その中に住む。食べる植物は種によりいろいろ。雌は成虫に羽がなく、一生、蓑の中で暮らす。最近、オオミノガをはじめみのむしはあまり見られなくなった。原因は、東南アジアから侵入してきた新たな天敵のヤドリバエ。

■ アズマザサ

イネ科アズマザサ属／互生

落葉樹林の林床のササ。こりゃまた不思議な食痕だ。ササの伸び始めの若い葉は、ストローのように丸まっている。そこを虫にかじられ、そのあと葉が開いて、こんな芸術的な穴ができた。

■ フキ

キク科キク属／叢生

ほろ苦い味のフキ。葉や花（フキノトウ）には苦味質、サポニンなどのほか、少量ではあるが発ガン物質も含まれている。にも関わらず、小さなしゃくとりむし（シャクガ類の幼虫）がついて、見事に葉を食い散らかした。p73、102参照。

■ クズ

マメ科クズ属／互生

傍若無人に茂るクズも、小さな敵にはかなわない。葉の縁をフィヨルド海岸にしたのは、青緑色の小さな甲虫（こうちゅう）、コフキゾウムシ。触ると足を縮め、ころっと落ちて擬死（ぎし）をする。p76参照。

■ ミズナラ

ブナ科コナラ属／互生

ミズナラの葉に、小さな葉巻？ができた。甲虫のオトシブミやチョッキリの仲間は、葉を器用に噛み切って巻いて揺籃（ようらん）をつくり、中心に一つ、卵を産みつける。幼虫は中から葉を食べて育ち、やがて首の長い、ユーモラスな姿をした成虫が現れる。写真はオトシブミの仲間の揺籃。p28参照。

落とし文

オトシブミやチョッキリの仲間は、それぞれ何の葉を巻くか、どんなふうに巻くかが決まっている。オトシブミ類には巻いてから切り離す種類もあり、林の地面に落ちているのを見る。昔の人はこれをホトトギスが落とした手紙（落とし文）と見て、それが虫の名前にもなった。

虫も食わないタンポポ

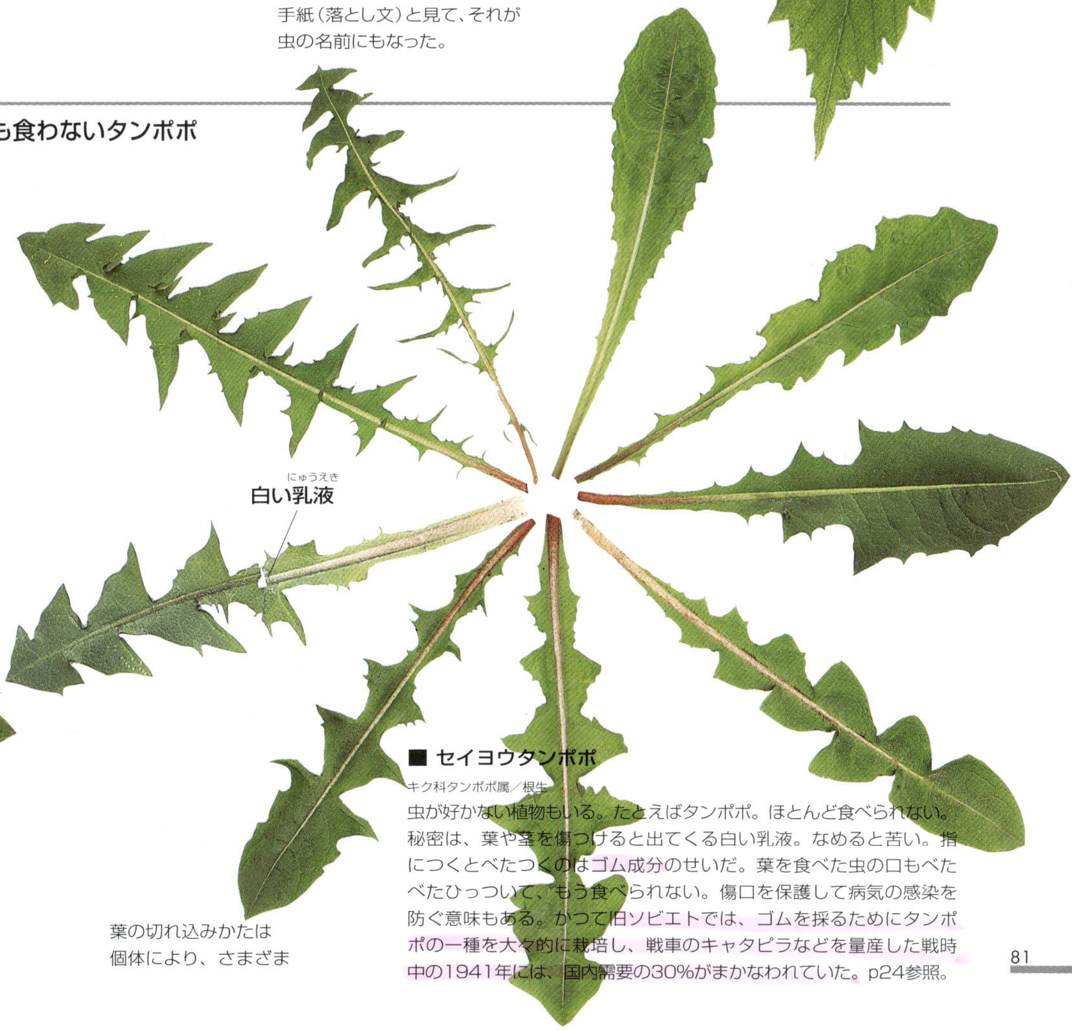

葉の切れ込みかたは
個体により、さまざま

■ セイヨウタンポポ

キク科タンポポ属／根生

虫が好かない植物もいる。たとえばタンポポ。ほとんど食べられない。秘密は、葉や茎を傷つけると出てくる白い乳液。なめると苦い。指につくとべたつくのはゴム成分のせいだ。葉を食べた虫の口もべたべたひっついて、もう食べられない。傷口を保護して病気の感染を防ぐ意味もある。かつて旧ソビエトでは、ゴムを採るためにタンポポの一種を大々的に栽培し、戦車のキャタピラなどを量産した戦時中の1941年には、国内需要の30%がまかなわれていた。p24参照。

葉っぱの知恵⑨　油点《ゆてん》

ミカン科は 葉っぱも香る

いまや爽やかな香りの代名詞、柑橘系《かんきつけい》。ミカン科植物は、果実だけでなく、葉や茎にも香る精油《せいゆ》を含んでいます。葉っぱの形や香りは少しずつ違いますが、どれも光に透かすと明るい点々が見えます。これが油点。精油の貯蔵庫。精油も葉を食べられないための防衛です。水中でもむと、油膜がさっと広がります。

■ ユズ

ミカン科ミカン属／互生

中国原産で、古くに日本に伝わった。常緑で、ふつう、枝にトゲがある。葉柄の広がった部分は翼（よく）または翼葉（よくよう）といい、もともと葉が複葉だったころの名残。形は単葉でも、複葉の性質を残す単身複葉（たんしんふくよう）の例である。枝のトゲは葉が変形したもの。

■ ナツミカン

ミカン科ミカン属／互生

江戸時代に、山口県に漂着した果実の種子から栽培が始まった。現在は枝変わりの甘夏（あまなつ）が広く栽培される。葉は常緑、葉柄にくさび形の狭い翼（よく）がある。柑橘類の葉は、どれもちぎるといい香り。リモネンという精油成分の香りだ。

■ カラタチ

ミカン科ミカン属／互生

中国原産の落葉低木。病気に強く、栽培柑橘類を接ぐ台木として使われる。冬は葉が落ちて、裸の枝に鋭いトゲトゲと金色の丸い実が残る。葉は３出複葉で、葉柄に翼がある。この3出複葉が、柑橘類にみられる単身複葉の原型、と考えられている。トゲはわき枝の第1葉が変わったもの。p96参照。

■ キンカン

ミカン科ミカン属／互生

中国原産の常緑低木。小さな果実は甘酸っぱく、果皮（かひ）も甘いので、そのまま食べたり砂糖煮にしたりする。葉も小さく、柄にごく幅の狭い翼がある。

■ イヌザンショウ

ミカン科サンショウ属／互生

野山の落葉低木。葉はサンショウに似ているが、癖の強いにおいで、使えないので「犬山椒」。近縁種でも微妙に香りが違うのは、食害昆虫を惑わすための作戦なのかもしれない。でもアゲハチョウは微妙な違いを無視して、ちゃんとどちらにも産卵する。トゲは表皮が変わったもので1本ずつつく。

■ サンショウ

カン科サンショウ属／互生

野山の落葉低木。日本独自のスパイスである。薫り高い若葉は「木の芽」、実をひいた粉は「粉山椒」。こう聞いただけで、若竹煮と鰻が食べたくなる。葉や実は精油成分（サンショウ油）を含み、これが香りのもと。実は辛み成分のサンショールも含み、生で噛んでみると、本当に小粒でもピリリと辛い。トゲは表皮由来で対になる。

■ フユザンショウ

ミカン科サンショウ属／互生

暖地の常緑低木。冬も緑なので冬山椒というが、ふつうは食べない。葉は大きく、中軸に翼がある。小葉の数は3〜7枚。枝はトゲトゲ。

■ マツカゼソウ

ミカン科マツカゼソウ属／互生

野山に生える多年草。そもそも草だし、姿はミカンとはほど遠い。でも、葉をちぎると強いにおい（よい香りではない）。なるほどミカン科だ。葉はヨーロッパの薬草ヘンルーダ（これもミカン科の草）に似て、同様に薬用効果があり、本に挟んでおくと紙魚（しみ）も付かない。名は「松枝草（まつがえそう）」が転じたもので、葉の形が松の枝の図柄に似ているからという。

葉っぱの知恵⑩　蜜腺《みつせん》

甘い蜜をあげるから守ってね

蜜は花にある。そう思い込んでいませんか。いえいえ、花以外の場所からも、甘〜い蜜は出ています。葉、葉柄、茎、花の柄…。花以外の場所にある蜜腺を「花外蜜腺《かがいみつせん》」と呼びます。中でも葉っぱに蜜腺をつけてる植物、意外と多いんですよ。何で？何のために？…それはね、ボディーガードを呼ぶために。

ソメイヨシノの蜜腺
蜜が出るのは6月末ごろまで／多田撮影

■ オオシマザクラ
バラ科サクラ属／互生
サクラの仲間の落葉高木。伊豆大島などに自生し、ソメイヨシノの交配親の一つ。花は白く大きい。葉も大きく、桜もちに使われる。葉を塩漬けや生乾きにすると桜もちの甘い香りがする。この香り物質はクマリンで、抗菌・殺虫・防ダニ作用がある。防衛はそれだけではない。サクラ類は共通して、葉柄の上部か葉身の基部に蜜腺をつけていて、若葉の時期には蜜でアリを呼び集め、葉を食べる虫を追い払わせる。それでも毛虫に食べられてしまうけど…。p105参照。

アカメヤナギ（拡大）

■ アカメヤナギ
ヤナギ科ヤナギ属／互生
河畔の落葉高木。若葉も葉柄も赤い。数多いヤナギ類の中でも、アカメヤナギの蜜腺と丸く大きな托葉は特徴的だ。葉柄の表側に1対、それに葉の縁、托葉の縁などにも小さな蜜腺がある。ただし、私の家の近くにこの木はなくて、まだアリは観察していないのだが…。

■ カンボク

スイカズラ科ガマズミ属／対生

山の落葉小高木。科は違うが花はアジサイに似て、平たい花序の外周に白い装飾花がついてきれい。葉は対生し、葉柄の上部に1対の蜜腺がある。探すとやっぱりアリが来ていた。秋に真っ赤に熟す実も美しいが、鳥には不人気で、真冬も枝に残っている。

■ アカメガシワ

トウダイグサ科アカメガシワ属／互生

明るい野山の落葉高木。若い葉は赤い。葉の表側、葉身の基部にオレンジ色に光る蜜腺が１対ある。若葉のころから黄葉する間際まで、ずっと蜜を出し続けるアリのレストランは、いつ見てもにぎわっている。p71参照。

善玉ダニを住まわせて、悪玉ダニを退治する？

ボディーガードにダニを雇う植物もいます。葉の汁を吸う草食ダニの天敵は肉食ダニ。リママメという植物は、草食ダニにやられるとSOSを意味するにおいを出して肉食ダニを呼び寄せます。隣近所のリママメも、ＳＯＳを察知すると自分もいっしょにＳＯＳを出して予防線を張ります。ところが、日本のクスノキは、わざわざダニ部屋をつくって草食ダニを住まわせています。じつに不思議です。なんででしょう？　その疑問に最近、あるヒントが出されました。もしかすると、肉食ダニのエサにするために、比較的害の少ない草食ダニを「飼っている !?」。

■ クスノキ

クスノキ科クスノキ属／互生

暖地の常緑高木。巨木に育つ。葉の裏面、３行脈が分かれる場所に小さな空洞（ダニ部屋）があり、中に草食ダニの一種（仮にダニＡとする）が住んでいる。ダニＡは中から葉の汁を吸うが、害は少ない。このダニＡが一定数以上に増えると部屋から外にあふれ、それを食べに肉食ダニが集まる。ついでに葉を巻いて甚大な被害を及ぼす別の草食ダニＢを食べてくれる、…という説だ。不思議な三角関係、今後の研究が楽しみだ。葉は樟脳（カンフル）の成分を含み、ちぎると芳香が立つ。

アカメガシワの蜜腺にアリが来た。葉や幹の上にも、たくさんのアリがうろちょろしている／多田撮影

っぱの知恵⑪　食虫植物《しょくちゅうしょくぶつ》

虫を食べる葉っぱ

虫が植物を食べる。この当たり前の関係を見事に逆転させたのが「食虫植物」。捕虫方法も、落とし穴、粘着式、わな、吸い込み式と、じつに多彩。葉っぱで光合成はするけれど、本来なら根から吸うはずの窒素栄養は、大半を「食虫」に頼っています。湿地など土の栄養が乏しい環境で、葉っぱの大変身が起こりました。

■ サラセニア

サラセニア科サラセニア属／叢生

北米東部の湿地に生える常緑多年草。ふつうの葉のほかに、水差しの形をした捕虫葉がある。捕虫葉の入り口には甘い蜜が、また内壁には密生した逆毛があり、虫を奥へと誘導して逃がさない。消化酵素の分泌は少なく、微生物の助けを借りて分解・吸収する。写真は観賞用の園芸種。野生種の中には家畜が食べずに牧場で大繁殖するものがあり、調べたところ、制癌・殺虫成分が見つかったという。

■ ウツボカズラ

ウツボカズラ科ウツボカズラ属／互生

熱帯アジア原産の常緑多年草。約70種類ある。葉の変形としては間違いなく、植物界の最高傑作の一つ。葉の先端が伸びた先に捕虫袋ができる。袋の中には強酸性の消化液がたまり、虫が落ちるのを待っている。口や内壁はつるつる、雨水が入らないようにふたまであり、そのふたの裏から甘い蜜で誘惑するという念入りさ。うっかり落ち込んだ虫は、どろどろに溶かされ、窒素栄養の足しにされてしまう。

■ アリシアモウセンゴケ

モウセンゴケ科モウセンゴケ属／根生

モウセンゴケの仲間は、甘い粘液のしずくを光らせた腺毛で虫をからめ取る。腺毛は縁のものほど長く、内側のものは短い。小昆虫を捕らえると、その刺激でまわりの何本かとともに内側に折れ曲がりはじめ、獲物を葉の中央部に包み込む。その後、消化酵素で虫のタンパク質を溶かして吸収する。写真は南アフリカ原産の種類。日本にはモウセンゴケ科は2属6種。いずれも湿地に生える。

アリシアモウセンゴケ

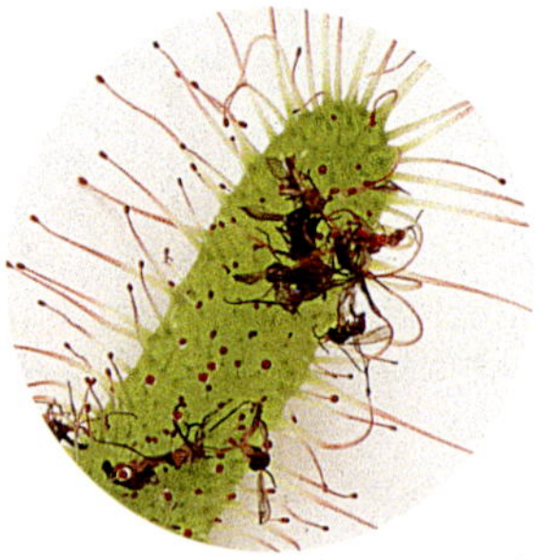

■ アフリカナガバモウセンゴケ

モウセンゴケ科モウセンゴケ属／根生

これもモウセンゴケの仲間で、南アフリカ原産の種類。腺毛の生えた葉身部分がうんと長い。獲物を捕らえるときの運動は素早く、20分ほどで巻き込むが、消化吸収を終えたあとは1日がかりで元に戻る。腺毛は片側が伸びることで曲がるので、屈曲の回数には限度があり、3、4回動くと伸びきってもう動けなくなる。

葉っぱの知恵⑫　無性芽《むせいが》

子どもを産む葉っぱ

抜いた毛を吹いて分身を出したのは孫悟空。でも術なら植物も負けません。葉っぱの先から、ほら、変幻自在の植物ならではの分身の術。今風にいうならクローンの術。

■ コダカラベンケイ

ベンケイソウ科カランコエ属／根生

マダガスカル原産の常緑多年草。多肉植物で、乾燥に強い。葉が茎についているうちから、鋸歯の間のくぼみにたくさんの無性芽（不定芽）ができて、縁にずらっと並ぶ。風で揺れたり触ったりすると、地面にぽろぽろと落ち、すぐさま根づいて成長を始める。できた子どもは、すべて親と同じ遺伝子を持つクローンだ。

■ セダム属sp.

ベンケイソウ科セダム属／根生

これもベンケイソウ科の多肉植物。ちぎれて落ちた葉から、芽が伸びた。

■ ショウジョウバカマ

ユリ科ショウジョウバカマ属／根生

山の常緑多年草。花は早春、雪解けを待ちかねて咲く。袴のように広がったロゼット葉の先に小さな芽ができ、地面に接すると根づく。花は、別の花から花粉をもらって自分とは違う性質のタネをつくり、遠くにばらまく。一方で、自分の近くには、全く同じ性質をもつクローンの子どもを置く。

葉先にできた小さな芽／多田撮影

■ コモチシダ

シシガシラ科コモチシダ属／叢生

暖地に多い常緑のシダ。はじめて見たときはびっくりした。垂れた葉はおとなの身長ほどに大きく、縁にびっしりと無性芽（むせいが）がついている。胞子はこれとは別に葉裏につく。一つ一つの芽は、よく見ればかわいい。

葉っぱの知恵⑬　包葉《ほうよう》

葉っぱのお化粧 虫への誘惑

なぜ花は美しい？　それは虫を呼ぶため。花びらも誘惑の衣装です。でも大昔、まだ被子植物が誕生したばかりのころは、花には花びらも萼もなかったんです。虫を呼ぼうと「葉っぱ」は色や形を変え、「花びら」に進化しました。そんな進化の歴史を語るもの、花びらが葉っぱに役を譲ったもの。着飾る葉っぱの大集合。

■ ハンゲショウ

ドクダミ科ハンゲショウ属／互生

暖地の湿地に生える多年草。夏に花が咲くころ、花序近くの葉が数枚、まるで化粧でもしたように、下半分が白くなる。ドクダミ科は原始的な被子植物で、花弁も萼もまだない。そこで虫への目印の役を、期間限定で一部の葉が引き受けたのがハンゲショウ。花が終わると葉は緑色に戻る。

■ ドクダミ

ドクダミ科ドクダミ属／互生

庭ややぶ陰に群生する多年草。4枚の白い「花びら」は、じつは葉。花序につく特別な葉、つまり「総苞片」にあたる。ごく近い仲間のハンゲショウの部分的に白くなる葉が、さらに花びら状に進化したものといえる。「花の原型」がここにある。全体に漂う独特のにおいの成分には、抗菌・抗カビ効果がある。

■ ノウルシ

トウダイグサ科トウダイグサ属／互生

湿った野原の多年草。ポインセチアと同じ仲間で、花のまわりの葉（包葉または苞という）は明るい黄色に染まる。写真は真上から見たところ。この仲間は、包葉が花びらの代わりに色づき、杯状花とよぶ小さな花や蜜腺の集まりを包んで広がって、全体として一つの花として機能している。名は、茎や葉を切ると有毒な乳液が出て、ウルシ同様にかぶれるため。秋には草紅葉が美しい。

■ ナツトウダイ

トウダイグサ科トウダイグサ属／互生

明るい野山の多年草。ノウルシに近い仲間だが、包葉は三角形で緑色。赤く見えるのは腺体で、とがった角が特徴。「夏燈台」とはいっても、花期は春。白い乳液は有毒で、アルカロイドやサポニン、ゴム成分などが含まれている。

■ マタタビ

マタタビ科マタタビ属／互生

山の谷間に多いつる性の落葉樹。初夏の花時、枝先の葉は白くなり、遠くからでも目立つ。これなら葉陰の花にも虫が来てくれるだろう。ところで「猫にマタタビ」というが、実際、つるを採ってきて庭に置いたら野良猫がごろごろ寄ってきた。植物体に含まれるマタタビラクトンなどの成分には、ネコ科の動物を陶酔させる作用がある。仲間のミヤママタタビの葉は、花期に白くなったあと紅紫色に変わる。

■ ユモトテンナンショウ

サトイモ科テンナンショウ属

山の林床の多年草。鳥あし状複葉をもつマムシグサの仲間で雌雄異株。ヘビの鎌首を思わせる部分は「仏炎苞」といい、花序を包む葉が特殊化したもの。中に棒状の花序が立っている。これは罠。仏炎苞の口からのぞく棒は、花序の先端の付属体で、キノコに似た香りを放ち、キノコバエを騙して誘い込む。仏縁苞の裾は、雄株ではすきまが開いて花粉をつけたキノコバエを外に逃がす。だが雌株にはすきまがなく、キノコバエは花粉を運んだ恩も仇にされ、罠の中で飢えて死ぬ。マムシグサ（p41）を参照。

■ ハナミズキ（アメリカヤマボウシ）

ミズキ科ミズキ属／対生

北米原産の落葉高木。庭木や街路樹として人気がある。春にくるりと渦巻くかわいい花が咲くが、花びらと見えるのは総苞片。本物の花や花びらは小さく中心に集まっている。つぼみのとき、4枚の総苞片はふろしき包みのように先端が互いに凹凸でくっつき合っていて、開くと総苞片の先にくぼみができる。葉をちぎると、ミズキと同様、維管束（いかんそく）の繊維が伸びて糸を引き、ばらばらにならないようにうまくちぎると、葉っぱのマリオネット（操り人形）ができる。

■ ヤマボウシ

ミズキ科ミズキ属／対生

野山に生える落葉高木。ハナミズキと同属で、梅雨時に白い花が咲く。これも花びらと見えるのは4枚の総苞片。先はとがる。庭木や街路樹にも植えられる。秋に径3㎝ほどの丸い実が赤く熟し、とろりと甘くてとてもおいしい。

葉っぱの知恵⑭　包葉《ほうよう》と葉鞘《ようしょう》

そっとくるんで大切に守る

動けない植物は、厳しい自然や動物から身を守らなくてはなりません。寒い冬には暖かな毛布を、大事な種子を食べる動物には堅固な鎧《よろい》を。植物たちは目的に応じて、葉っぱをいろいろな形に変身させます。葉っぱはまた、旅の道具にもなります。ボダイジュはひらひら天女の羽衣をまとい、風に身をまかせます。

■ ニワトコ

スイカズラ科ニワトコ属／対生

野山の落葉低木。羽状複葉の葉は大きなものでは長さ30㎝になる。春早くにふくらむ花芽は、ちっちゃなブロッコリーのよう。花芽を分解してみると、外側の芽鱗からふつうの葉まで、少しずつ変形していくのが分かる。若葉の基部や葉軸には管状または乳頭状の突起があるが、これは蜜腺で、アリが来る。欧州ではニワトコはエルダーと呼ばれ、白い花と赤い実を楽しむ庭木として、また数々の伝説をもつ花として、親しまれている。

外側に近い鱗片は硬くて厚い。内部を寒さから守る毛布になる。葉が対生なので、鱗片も2枚ずつ対生する。

やや内側の鱗片。硬くて厚いが、先端はわずかに切れ込んでいる。

鱗片から葉への移行段階。先は羽状複葉、ねもとは鱗片。こうして並べてみると、芽鱗がもともと葉であったことが理解できる。

■ ボダイジュ

シナノキ科シナノキ属／互生

中国原産の落葉高木。公園や寺の境内などに植えられている。花序の枝にひらひらした薄い総包葉がつく。一房の花のうち実に育つのは2、3個だ。秋、総包葉は乾いて褐色の翼となり、実をぶら下げて枝から離れる。くるくる……、ヘリコプターのように回りながら、風に身をまかせて、実は旅に出る。

■ ジュズダマ

イネ科ジュズダマ属

野原や水辺に生える多年草。小さいころ、色とりどりの「じゅず玉」を集めてネックレスをつくったものだ。この輝く玉は、じつは種子とも実とも違う。しずく形の部分は、葉鞘が厚く硬く変わった「包鞘」。割ってみると、中に直径5㎜くらいの半球形の穀粒、米に混ぜて炊いてみたら、素朴な味がした。ジュズダマは、古い時代に東南アジアから渡来した外来植物といわれている。健康茶で知られるハトムギは食用の改良種で、包鞘は熟してもやわらかい。

包鞘の先端から雄花序や雌しべが飛び出す。左側、楕円形のつぶつぶのように見えるのは雄花の集まりの雄小穂。右側、細長い糸状のものが雌しべ。

葉っぱの知恵⑮　托葉《たくよう》

葉っぱにかしづく小さな家来《けらい》

葉っぱには、小さな家来が仕えています。柄のねもと、そっと支えるように広がって。托葉《たくよう》は赤ちゃんの葉っぱを守るだけでなく、葉っぱの役割を分担したり、腋芽《えきが》を保護したり、ときには巻きひげやトゲに変身したりと、いろんな場面で働いています。目立たないけど、まったくようやるわ、なんちゃって。

■ ユリノキ

モクレン科ユリノキ属／互生

北米原産の落葉高木。公園や街路樹によく見られる。花の形はチューリップに似て、英名Tulip　tree、日本では「百合の木」。葉は一度見たら忘れられない。まるでTシャツ、昔風に言えば「はんてん」の形。別名はハンテンボク。幼い葉は托葉に守られて出てくるが、葉が開ききると托葉は落ちる。こうした「早落性の托葉」の例は多く、たとえばケヤキ（p14）にも見られる。

■ ハマナス

バラ科バラ属／互生

海岸性の落葉低木で、北日本に多い。濃いピンクの花は美しい枝は痛いトゲだらけ。バラの仲間も、葉柄の基部に必ず托葉が花屋さんのバラにだって托葉がある。トゲは表皮が変わったも

■ サルトリイバラ

ユリ科シオデ属／互生

つる性の落葉低木。別名は山帰来（さんきらい）。巻きひげとトゲをからめてやぶに覆い茂るので、猿ですらも引っかかる。托葉は、基部では葉柄に癒着して膜状に広がり、先端部は1対の巻きひげとなって伸びる。葉身の部分は丸くすべすべで、団子やまんじゅうを包むのに使われる（p94参照）。

■ タチツボスミレ

スミレ科スミレ属／互生

野山の多年草。一番よく見るスミレで、都会の公園でも見られる。写真は葉脈が赤い型で、アカフタチツボスミレと呼ぶ人もいる。スミレ類の葉は必ず内巻きに伸びてきて、葉柄の基部に托葉がある。タチツボスミレの托葉は深く裂けてギザギザ。ちなみに庭のパンジーもスミレ属で、托葉はとても大きい。探してみて。

■ エンドウ

マメ科ソラマメ属／互生

景品つきのお菓子みたいに、おまけの托葉の方が本体の葉より大きい。葉は1～3対の小葉をもつ偶数羽状複葉で、先端は巻きひげに変わっている。その基部に大型の托葉が1対。合成工場としての葉の役割をしっかり分担している。地中海沿岸原産の越年草で、日本へは平安時代に渡来した。

托葉と葉っぱの区別がつかない

托葉がふつうの葉っぱと同じ大きさ、同じ形に化けたものもあります。アカネ科植物の葉っぱは、ぐるっと輪生しているように見えるけれど、ホンモノの葉っぱは2枚だけ、あとは托葉という「偽輪生《ぎりんせい》」。ニセモノはどいつだ!?

■ ヤマムグラ

アカネ科ヤエムグラ属／偽輪生

林に生える多年草。葉は1対、托葉が1対。で、計4枚が1か所につく。腋芽（枝）がつく葉がホンモノ。その下の節では、それと直角の位置に来るのがホンモノ。たいていホンモノの方が少し大きい。

■ ヤエムグラ

アカネ科ヤエムグラ属／偽輪生

道ばたや空き地の1～越年草。対生する1対の葉と、同型同大の2～3対の托葉があり、1か所に6～8枚が輪生しているように見える。花序や枝が出ていればその葉がホンモノ。茎や葉に小さな下向きの逆さトゲがあり、これでほかの植物などに寄りかかって伸びる（p23参照）。

■ クルマバソウ

アカネ科クルマバソウ属／偽輪生

落葉樹林の多年草。初夏に咲く純白の小花も含め、全体になめらかで清楚な印象。1対の葉と同形同大の托葉、合わせて6～10枚が車輪状につく。葉など全体にクマリンを含み、干すと桜もちのような甘い香り。欧州ではウッドラフと呼び、ハーブとしてワインの香りづけやハーブティーに使う。

■ カワラマツバ

アカネ科ヤエムグラ属／偽輪生

明るい草原の多年草。これも対生する1対の葉と、同形同大の3~5対の托葉がある。でも、ニセモノを見破る手段はある。枝分かれした節で、腋枝（芽）のつく葉とその反対側の葉がホンモノ、あとはニセモノだ。

■ アカネ

アカネ科アカネ属／偽輪生

野山のつる性多年草。有名な染料植物だが、実物は知ってる？　4輪生の「葉」は四角い茎の角につく。ホンモノは2枚、あとは托葉。腋芽があるのがホンモノだ。節ごとに90度ずれてホンモノがつく（つまり、十字対生）。全体に逆さトゲがあり、他の植物などにひっかかって伸びる。夏に黄緑色の小花が咲く。根を抜くとオレンジ色。この根から茜（あかね）色の染料がとれる。

葉っぱの知恵⑯　巻きひげ

くるくる巻きつく魔法の鞭

学生時代、私は植物形態学で、巻きひげを調べました。面白かった！　似て見えても、もとは葉だったり茎だったり…。そして不思議に思いました。植物は目も見えないのに、何でどうやって巻きつくの？　…巻きひげはエチレンガスを出していて、その濃度の微妙な変化で物の存在を知るらしいですよ。すごいよね!?

クレマチスの仲間は葉柄や小葉柄が巻きひげの代わりをする

■ サルトリイバラ

ユリ科シオデ属／互生

托葉が変わった巻きひげ。ナマズのひげそっくりに、2本が対になって、くるりんと巻く（p92参照）。葉によく紫色の斑紋が入るが、これは表皮の一部に赤い色素のアントシアンがたまる「定形斑（ｐ100参照）」。托葉由来の巻きひげの例として、ほかにマメ科のハカマカズラがある。

■ バイモ

ユリ科バイモ属／互生

葉の先が巻きひげになる。花の近くの葉は先がくるりと巻き、何かに触れると巻きつく。弱々しい茎や花も、短い間ならこれで支えられる。中国原産の多年草。クロユリと同属で、別名アミガサユリ。日本では庭の花だが、本来は早春に花や葉を出すスプリング・エフェメラルズ（p68参照）。球根（鱗茎）が2個の鱗片からなり、二枚貝を思わせるので「貝母」とついた。ユリ科では熱帯産の観賞植物グロリオサも葉の先が巻きひげで、つる植物となって茎が数mに伸びる。

■ ハンショウヅル

キンポウゲ科センニンソウ属／対生

巻きつくのは葉柄。センニンソウと同属だが、3出複葉の小葉柄は短く、もっぱら葉柄でまきつく。冬に葉が枯れても葉柄の部分は巻きついたまま残り、翌年までつるを支えている。山に生えるつる性の落葉低木。花は春、釣鐘の形に咲く。

■ カラスノエンドウ

マメ科ソラマメ属／互生

羽状複葉の先端部が変わった巻きひげ。三つに分かれた巻きひげは、もとは3枚の小葉だった。野原の越年草。托葉の基部に蜜腺（p84～85）があり、アリに防衛を頼んでいる。小葉の先が矢はず形に凹んでいるので別名ヤハズエンドウ。

■ センニンソウ

キンポウゲ科センニンソウ属／対生

巻きつくのは、葉柄と小葉柄（小葉の柄）の部分。羽状複葉なので、巻きつける箇所はいっぱいある。明るい野山に多いつる性の半低木。花は夏、4枚の白い花びらは萼が変化したもの。似た仲間にボタンヅルがある。庭のクレマチスも同属の仲間で、やはり葉柄で巻きつく。

カニクサの葉の拡大。胞子をつくる部分の羽片は、細かく裂けている。裏返してみると、縁にソーラス（胞子嚢群）が並んでいた。

■ カニクサ

シダ植物フサシダ科カニクサ属

つる性のシダ。1枚の葉が巻きつきながら長～く、ときには2m以上も伸びる。じつは植物の中でも珍しく、カニクサの葉は「無限成長」をする。つまり、葉の先端がまるで茎のように、いつまでも細胞分裂しながら伸び続けることができるのだ。これに対し、ふつうの植物の葉は、茎のてっぺんで原型がつくられ、あとは細胞が長く伸びることで大きくなる。

■ ヤマブドウ

ブドウ科ブドウ属／互生

こちらは茎が変わった巻きひげ。茎である証拠に、巻きひげの枝分かれ部分をよーく見ると、小さな葉の名残（鱗片葉）がついている。ブドウ科の巻きひげは、ヤブガラシ（p40）やツタ（p49）を含め、すべて茎が変わったもの。ちなみにウリ科の巻きひげは葉が変わったもの。

葉っぱの知恵⑰　トゲ

トゲトゲしいにも意味がある!?

忍者が撒《ま》きビシや手鈎《てかぎ》を駆使して敵城に潜入するように、植物たちもトゲの忍び道具を使います。鋭いトゲトゲで動物の攻撃から身を守り、逆さトゲの手鈎を繰り出して引っかけては高みへ高みへと登るのです。トゲをつくるには軍資金も使うけど、それを上回る報償が得られるなら、さあ、トゲトゲ作戦、開始！

■ イシミカワ

タデ科イヌタデ属／互生

これは引っかけるトゲ。表皮の毛からできたもの。野原のつる性一年草で、逆さトゲで引っかけて茂みの上へとよじ登る。トゲは茎にも葉柄にもあって、ちくちく痛い。葉のつけねの円盤は「托葉鞘」といい、托葉が変形して茎を抱いてぐるりと皿状になったもの。秋には青や紫の丸い実がお皿の真ん中にちょこんと載る。

■ ママコノシリヌグイ

タデ科イヌタデ属／互生

野道に多い一年草。毛を改造した逆さトゲで、ほかの植物に寄りかかる。これなら茎が弱くても、他力本願で立っていられる。茎や葉柄や葉の裏まで、触るとざりざり痛い。名は「継子の尻拭い」、意地悪な継母（ままはは）に、この草で尻を拭かれたら赤むけちゃう。花はかわいいんだけど。葉のつけねに、イシミカワより小ぶりの丸い托葉鞘がある。

■ カラタチ

ミカン科ミカン属／互生

トゲは側枝の第1葉が変形したもの。枝そのものの変形ではない。というのは、トゲの向きと葉の向きが必ずずれているから。枝の下の方ほど下向きに思えるが、なぜだろう。このトゲは草食動物に対しては有効な防衛だが、アゲハチョウにはまるで無意味だ。モズは「はやにえ」を刺すのに利用する。p82参照。

■ ハリエンジュ(ニセアカシア)

マメ科ハリエンジュ属／互生

トゲは托葉が変わったもの。羽状複葉のつけねに2個ペアでつく。若葉や花は山菜になるが、うっかり枝をつかむと痛い思いをする。街路樹にはトゲの少ない品種が植えられる。よく混同されるアカシアもマメ科で、やはり托葉が変化したトゲをもつものが多い。熱帯産のアカシアには膨らんだトゲの内部の空洞にアリを住まわせ、守ってもらう種類もある。p77参照。

■ ナワシログミ

グミ科グミ属／互生

枝が変形したトゲ。初夏に苗代をつくるころに甘く実が熟す。暖地の常緑低木で、枝先や葉のわきの短枝がトゲになる。トゲをぐいと呼んだことから「ぐい実」、そこからグミになったという。守るものは葉や茎だけではない。甘い実は種子を運ぶ鳥のため、けものが食べないように鉄条網を張ったのかも。葉は硬く波打ち、裏面は銀色。よく見ると裏はびっしり、表にも少し、銀色のかさぶた状の毛がおおっている。裏には褐色の毛も混じる。

■ アザミsp.

キク科アザミ属／根生、茎葉は互生

アザミ類のトゲは防衛のため。葉の鋸歯が鋭くとがったもの。アザミ類は分類が難しい。種類によっては総苞（そうほう：花のつけねの部分）にもトゲがある。トゲの痛さも見分けの基準になる。

■ 球《たま》サボテン‘金鯱(きんしゃち)’

サボテン科エキノカクタス属

サボテンのトゲは葉の変形。短枝の変形した刺座（しざ）から束になって出る。乾燥に適応して、水を失いやすい葉は退化し、防衛を固めるトゲに変わった。代わりに茎は光合成をし、スポンジ状の内部に水を貯める。形も葉状、うちわ状、柱状、球状と、より表面積を減らす方向に進化した。これは最も進化した球サボテンの類。メキシコ原産で金色のトゲが美しく、最大で高さ150㎝になる。

葉っぱの知恵⑱

おかしな連中、全員集合

葉っぱかな、葉っぱじゃないよ？　じゃあ、何なの!?　植物の基本は「根・茎・葉」。茎は立てるモノ、葉は広げるモノ…。そんな固定観念のちゃぶ台も、いとも簡単にひっくり返されます。びっくり茎の変装術、あんぐり葉っぱの大変身。何が彼らをそうさせた!?　おかしな連中の変装パーティーに、ようこそ。

■ アスパラガス（オランダキジカクシ）

ユリ科クサスギカズラ属／互生

お馴染みの野菜も伸びればこうなる。欧州原産の多年草。「葉」に見えるのは、茎が細かく枝分かれしたもの。葉の役割を代行している枝なので、葉状枝（偽葉、仮葉、葉状茎）と呼ばれることもある。本来の葉は退化して鱗片状。食べるアスパラガスにも、ほら、鱗片葉があるでしょ？

■ ナギイカダ

ユリ科ナギイカダ属／互生

葉っぱの真ん中に、あれ、何で花や実が!?　欧州原産の常緑低木。植え込みなどに使われる。葉のように見えるものは、じつは葉状枝であり、葉ではない。枝だから花だって咲く。本来の葉は、葉状枝のつけねに茶色の薄膜となって残っている。和名は、ナギとハナイカダを足して2で割ったようだから。

■ アスパラガス 'スプレンゲリ'

ユリ科クサスギカズラ属／互生

アスパラガスの1品種で葉状枝の幅がやや広いタイプ。アスパラガスは雌雄異株で、野菜としては茎数が多くて収量も多い雄株が育てられる。

■ ナギ

マキ科マキ属／対生

暖地の常緑高木で、神社によく植えられている。これは正しく葉に当たる。では、なぜここに？　意外にもこれは針葉樹。ふつうの広葉樹の葉と同じに見えるが、よく見ると平行脈。この葉脈は強靭で噛みちぎることができず、奈良の春日山でもシカの食害に遭わずに林をつくっている。マキ科は主に南半球で進化したグループで、ほかの針葉樹とは違うユニークな面をもつ。

■ ホテイアオイ

ミズアオイ科ホテイアオイ属／束生

七福神の布袋様のおなか!?　熱帯アメリカ原産の水生多年草で、葉柄の中央部がぷっくりふくれて浮き袋になった。水面を浮遊し、水に溶けた栄養分を吸収して、どんどん子株をつくって増える。花はヒヤシンスに似て美しいが、水槽から逃げ出したものが各地の池や小川で増殖し、在来種への影響が問題になっている。

■ ハナイカダ

ミズキ科ハナイカダ属／互生

葉っぱの真ん中に花が咲く!?　山の落葉小高木。一見ナギイカダに似るが葉状枝ではなく、この場合は正真正銘の葉。花柄が葉の主脈に癒着したもの。その証拠に途中までは葉脈が太い。雌雄異株で、雌株には丸い実が黒く熟す。実は鳥に食べられて種子が運ばれるので、枯れ葉は翼代わりに役立つわけでもない。では何のために葉の上に？

　たまに花にアリが来るので、アリの通行の便を図ったのかとも考えたが、雌雄異株で花粉の移動距離も長いはずだから、アリが重要な運び手とは考えにくい。理由はわからないままである。

■ ツキヌキニンドウ

スイカズラ科スイカズラ属／対生

枝が葉っぱを突き抜けた!?　本当は、花のすぐ下で対生する1対の葉が、基部で合着して1枚のようになっている。北米原産のつる性常緑樹で、よくフェンスに植えてある。同属のウグイスカグラも、徒長枝では対生する2枚の葉柄が合着してつば状になることがある。ニンドウはスイカズラ（忍冬）のこと。

この花は赤く、日本のスイカズラは白い。花の色や形は、だれが花粉を運ぶかによって決まる。北米産のこの花には、赤い色を好むハチドリが来て蜜を吸う。鳥の鼻は鈍感だから香りもない。日本のスイカズラの花は、夜に白く浮き立ち、甘い香りで蛾を呼ぶ。

■ ミドリノスズ

キク科キオン属／対生

まるでビーズのネックレスだが、これでもキク科の多年草。南アフリカ原産の多肉植物で、葉は水を蓄積してまるまるころころ。球という形は、体積に対して最も表面積が少ない。乾燥も防げる。葉一つ一つは、大きい方が生産コストは割安だが、あえて小さな球に分けたのは、危険を分散するためだろうか。日本では、ミドリノスズとかグリーンネックレスと呼ばれ、吊り鉢仕立てで親しまれている。

■ ウチワサボテンの仲間

サボテン科オプンチア属／束生

サボテン類では、葉はトゲに変化し、茎が光合成をする。うちわ形をした茎のパーツを組み合わせたウチワサボテン類は、部分的な破壊に対して再生能力が高く、雑草としての成功者がけっこういる。南北アメリカ原産だが、今では世界各地の乾燥地帯に帰化し、特に動物に食べられないので放牧地に繁殖している。p97参照。

葉っぱの知恵⑲　斑入《ふい》り

斑入りの葉っぱ

涼しい印象の色模様。斑入りの葉っぱを見てみると‥？　観葉植物に多いタイプは「キメラ斑《はん》」、突然変異で葉緑素を失った白い細胞が並んで縁取りや縞模様になりました。それとは別に、たとえばクローバーの斑紋のように、突然変異とは関係なく、もともと葉っぱに模様をもつ種類も。これは「定形斑《ていけいはん》」と呼ばれます。

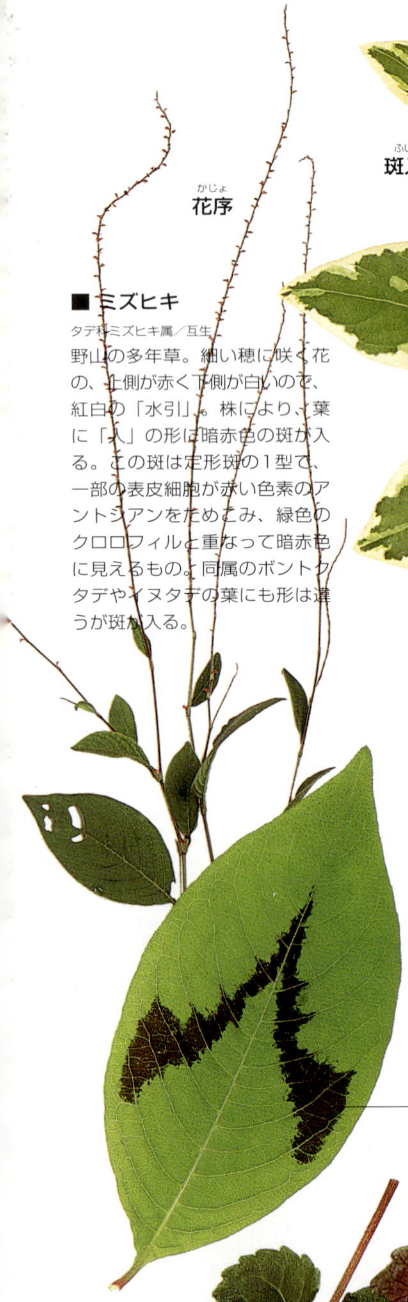

■ ミズヒキ

タデ科ミズヒキ属／互生

野山の多年草。細い穂に咲く花の、上側が赤く下側が白いので、紅白の「水引」。株により、葉に「人」の形は暗赤色の斑が入る。この斑は定形斑の1型で、一部の表皮細胞が赤い色素のアントシアンをためこみ、緑色のクロロフィルと重なって暗赤色に見えるもの。同属のボントクタデやイヌタデの葉にも形は違うが斑が入る。

■ ツルニチニチソウ

キョウチクトウ科ツルニチニチソウ属／対生

地中海沿岸原産のつる性多年草。斑入り型から緑葉型まで、さまざまな品種がある。この斑入りは「キメラ斑」。キメラはもともとギリシャ神話に出てくる空想上の動物で、頭がライオン、胴がヒツジ、尾がヘビというもの。転じて、一つの体の中に違う遺伝子をもつ違う細胞が入り交じっている場合をいう。この場合は、突然変異で葉緑素を作れなくなった白い細胞と、正常な緑色の細胞が、葉の中に入り交じって存在している。

■ 斑入りギボウシ

ユリ科ギボウシ属／根生

もともと野山の多年草だが、斑入り品種などが観葉植物として栽培される。写真はキメラ斑をもつ品種。植物の葉はふつう、ちょうど薄皮饅頭のように3層構造になっていて、3層とも緑の細胞からなればそこは濃い緑に、2層が緑だとやや薄く、1層だとさらに淡く、そして全部が白い細胞だとそこは真っ白になるらしい。それで緑の濃淡が出るというわけだ。

■ シハイスミレ

スミレ科スミレ属／根生

西日本の野山に生える多年草。葉の裏は紫色、名も「紫背菫」。裏側の表皮細胞にアントシアンを含む。光が不足する林床には、このような葉を持つ植物がさまざまな科にわたって見られる。まだ詳しい機構は分かっていない。

■ ユキノシタ

ユキノシタ科ユキノシタ属／根生

湿った庭や石垣の多年草。葉の表面には脈に沿って白い斑が入る。これも定形斑の1型で、細胞の隙間に空気が入っている部分が白く見える。こうした斑をもつ植物も暗い林床には多い。これも詳しい機構は分かっていないが、葉の内部で光を散乱させることで、むらの多い木洩れ日を均等に利用しているのでは、と私は考えている。葉の裏が赤紫色を帯びるタイプもある。両面とも毛が多いが、天ぷらにすると美味。

■ アガベ '笹の雪（ささのゆき）'

Agave victoriae-reginae

リュウゼツラン科アガベ属／根生

メキシコ原産の多肉植物。株際から葉を放射状に広げるロゼット植物で、全体が直径60㎝の球になる。葉の縁や表面の稜線沿いには白線がくっきり。これはキメラ斑ではなく、白い丈夫な繊維の縁取り。硬く守られた葉の内部には貴重な水が蓄えられている。成長はごく遅く、花が咲くまでに約40年。ついに高さ2～4mの花茎を立てて花開いたかと思うと、それが最期、種子を残して一生を終える。

葉っぱの利用① 野菜《やさい》

葉っぱを食べる野菜と山菜

葉っぱを食べるのは、昆虫や動物に限りません。人間だって、バリバリ……。でも、野生植物の中から無害なもの、無害化する方法を見つけ出すには、無数の試行錯誤と代償があったはず。先人たちの知恵と犠牲、加えてたゆまぬ改良の努力。おかげで私たちは、おいしい「野菜」を、毎日、安心して食べられるんですね。感謝。

■ フキ／フキノトウ

キク科フキ属／束生、包葉は互生

早春のなつかしい味覚。フキは湿った野山の多年草で純日本野菜。フキノトウはその花序で雌雄異株。写真は雄株。おとなのフキの葉（p73、80参照）と違い、フキノトウの葉（包葉）は細長い。葉に少量だが発ガン物質を含むので、ゆでてさらした方がよい。

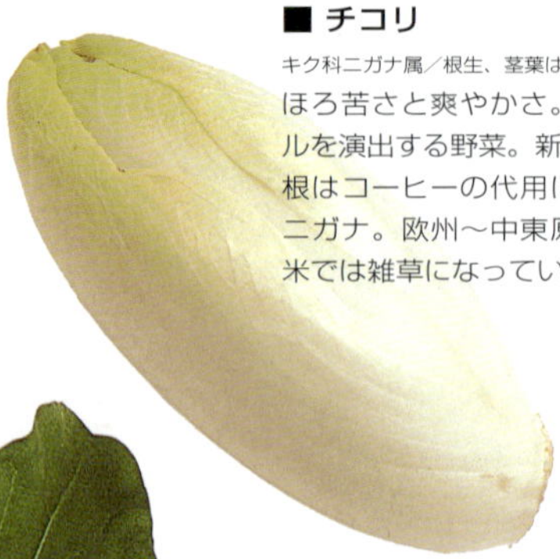

■ チコリ

キク科ニガナ属／根生、茎葉は互生

ほろ苦さと爽やかさ。しゃれたオードブルを演出する野菜。新芽を軟白して食べ、根はコーヒーの代用になる。和名はキクニガナ。欧州〜中東原産の多年草で、北米では雑草になっている。

■ ロメインレタス

キク科ニガナ属／根生、茎葉は互生

シーザーサラダに欠かせない。結球しないレタスで、栽培は古代エジプト王朝から。でも日本では新顔の野菜。パリパリ、サクサク、甘みと苦み、そして太陽いっぱいの栄養価。サラダに炒め物にお浸しに、私は大ファン！

■ ルッコラ

アブラナ科エルカ属／根生、茎葉は互生

イタリア風サラダに大人気。地中海原産の一年草。葉は柔らかくて、大きく切れ込む。日本では新顔の野菜だが、ごまに似た香気とピリっとした辛みがあって、一度食べると、もう、やみつき！

■ タアサイ

アブラナ科アブラナ属／根生、茎葉は互生

緑の濃い中国野菜。名の「タア」は「ペシャンコに潰れた」という意味。もともとロゼットをつくる越年草。地中海沿岸の原種は世界各地に広がり、アブラナに、カブに、白菜に、そしてタアサイにと姿を変えた。冬の凝縮された生命を分けてもらう思いがする。

■ キャベツ

アブラナ科アブラナ属／根生、茎葉は互生

洋食の重鎮。欧州原産で、ロゼット葉が結球する突然変異から改良された。葉が巻くと光合成には不利だから、野生ならば生き残れない。ブロッコリーやカリフラワー、葉牡丹（ハボタン）も同じ原種から派生した兄弟種である。

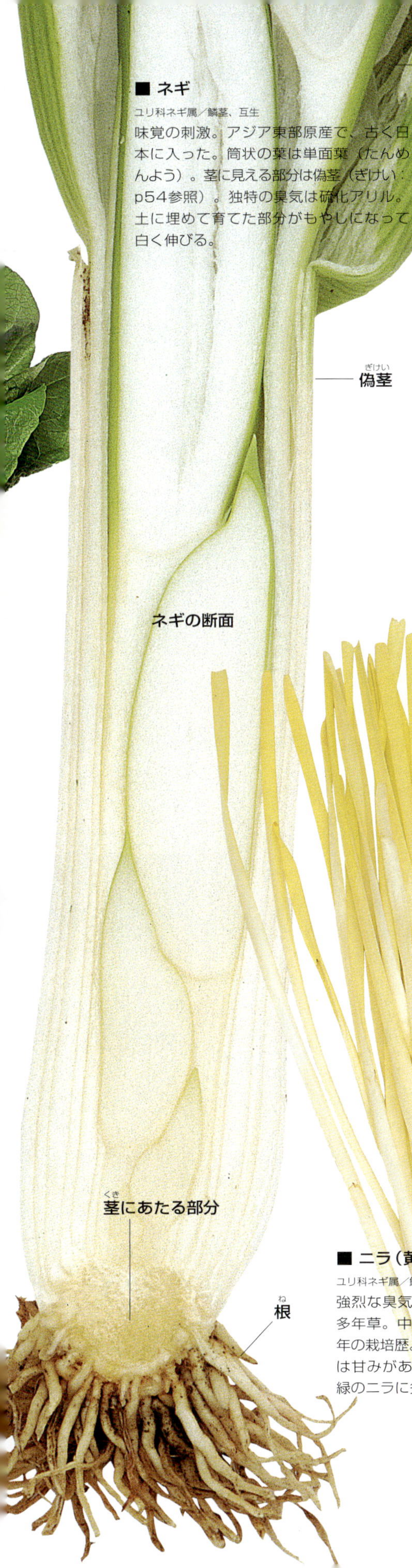

■ ネギ

ユリ科ネギ属／鱗茎、互生

味覚の刺激。アジア東部原産で、古く日本に入った。筒状の葉は単面葉（たんめんよう）。茎に見える部分は偽茎（ぎけい：p54参照）。独特の臭気は硫化アリル。土に埋めて育てた部分がもやしになって白く伸びる。

■ タマネギ（黄タマネギ）

ユリ科ネギ属／鱗茎、互生

貯蔵できる恩恵。中央アジア原産で明治初年に渡来。食べるのは鱗茎で、葉鞘（ようしょう）が重なって太った部分（p54参照）。収穫時には、葉の緑だった部分は枯れ落ちている。野菜の分類では根菜に入れる。

■ 白タマネギ

ユリ科ネギ属／鱗茎、互生

甘く柔らかな旬の味。春に出回るタマネギの早生（わせ）品種で、新タマネギとも呼ぶ。辛みが少ないが貯蔵性は低い。オニオンスライスやサラダに適する。

■ ハマボウフウ

リ科ハマボウフウ属／互生

ワンランク上の和風食材。砂浜海岸の多年草で、柔らかく育てた若葉（1～2回3出羽状複葉）を、刺身のつまや酢の物などにあしらう。春の爽やかな香り。

■ タラノキ／たらのめ

ウコギ科タラノキ属／互生

山菜の王様。明るい野山に生える落葉小高木で、薫り高い新芽を「たらの芽」と呼んで珍重する。ニワトコと同様、外側の芽鱗からふつうの葉（2回羽状複葉）へと段階的に変わっていく。p90参照。

■ ニラ（黄ニラ）

ユリ科ネギ属／鱗茎、互生

強烈な臭気は活力を誘う。アジア原産の多年草。中国3000年、日本でも1100年の栽培歴。軟白栽培した黄ニラ（写真）は甘みがあって柔らかいが、栄養価では緑のニラに劣る。

■ ニンジン

セリ科ニンジン属／根生、茎葉は互生

カロチンの宝庫。中近東原産の越年草で根を食べる。江戸時代に渡来した。葉（2～3回羽状深裂複葉）も栄養豊富で、パセリに似た香りがあり、細かく刻んで炊きたてご飯に混ぜて塩をひと振りすると、わぁ、おいしい！

葉っぱの利用② 敷き物

載せて包んで香りと知恵

葉っぱは自然からの授かり物。昔は日々の生活に活用しました。食物を載せたり包んだり、地方によってアカメガシワ、トチノキ、フキ、ツワブキ、ハリギリ、アブラギリ、ツバキ、サルトリイバラ、アシ、ミョウガ、ゲットウ、なども使われます。海外にもバナナやハス、ブドウなどの葉で包む民族料理があります。

柏もち

■ カシワ

ブナ科コナラ属／互生

柏もちの葉っぱ。野山の落葉高木で庭にも植えられる。葉はミトンのように大きく、古くから煮炊きのホイル代わりや食べ物を載せたり包むのに使われた。名も「炊（かし）ぐ葉」に由来。昔は同じ用途に使うアカメガシワやサルトリイバラなどもまとめてカシワと呼んでいたのが、後にこれ1種を指すようになった。柏餅には蒸した葉を使う。ちなみに、私のひいきの店では、葉が外表で、もちが白いのはこしあん、中表でもちが紅いのは味噌あん、外表の草もちはつぶあんだが、そちらは？

■ ササ類

イネ科ササ属など／2列互生

ササの葉は1年を通じて手に入る。葉には殺菌効果があり、料理に敷いたり、食べ物を包んでちまきや笹団子や鱒鮨（ますずし）をつくったりする。葉が大きくて毛のない種類、たとえば太平洋側ではスズタケやイブキザサ、日本海側ではチマキザサやチシマザサがよく使われる。タケ類の葉は全般に小さく包むには適さないが、タケノコの竹皮（稈鞘、p50参照）は、ちまきやにぎり飯を包んだり、魚を煮る鍋に敷いたりと利用される。生の竹皮の白い端に梅干しを置き、三角に折り込んでちゅくちゅく吸うのは昔のおやつ。私も1度だけ、友だちの家で出されたことがある。

■ ホオノキ

モクレン科モクレン属／互生。枝先では偽輪生状

日本の木で最大の葉（p 75参照）。昔の人はホイル代わりに利用した。今も各地に郷土料理が伝わっている。中でも有名な朴葉（ほおば）味噌は、塩水につけてから干した葉に、刻んだキノコや野菜と麦味噌を載せ、炭火で焼きながら食べるもの。私も旅の宿の朝食でいただいた。葉の芳香、そして焦げた味噌の香ばしさ…、忘れられない。飛騨地方には若葉で包んだ朴葉寿司や緑葉に包んで焼く朴葉もちなども伝わっている。葉には殺菌作用があり、包むと肉や魚も傷みにくく、餅にもカビが生えないという。

■ カキ

カキノキ科カキノキ属／互生

中国原産の落葉高木だが、日本で改良されて甘柿、それに渋柿の品種が数多くつくり出された。奈良吉野地方では渋柿の葉を使った柿の葉ずしが名物。現在はすし飯としめ鯖（さば）を柿の葉に包んだ押しずしだが、昔は白飯と塩鯖を包んで発酵させたなれずしだった。葉にはビタミンＣが多く、若葉は天ぷらにして食べられる。

桜もち

■ オオシマザクラ

バラ科サクラ属／互生

これが桜もちの葉っぱ。房総から伊豆にかけて自生するサクラ（ｐ84参照）。葉が大ぶりで、塩漬けにするとクマリンの甘い香りが強いので、桜もちに使われるようになった。伊豆半島で栽培され、関西方面にも運ばれる。小麦粉を焼いた皮であんを巻くのは江戸風、もち米を砕いて蒸したもちに包み込む「道明寺」（どうみょうじ）は関西風。桜の葉ごと食べても、葉をはがして食べてもＯＫだけど、あなたはどっち？

■ ハラン（バラン）

ユリ科ハラン属／叢生

中国原産の常緑多年草で、暖地の庭に植えられる（ｐ73参照）。一年中つややかな緑葉がすぐ手に入るのがうれしい。大きな葉は皿に敷くだけでなく、くるりと丸めて器に見立てたり、繊細な刻みを入れて料理の仕切りにあしらったりする。今はビニール製になってしまった弁当の仕切りにも、「バラン」というこの別名が残っている。

■ ゲッケイジュ

クスノキ科ゲッケイジュ属／叢生

地中海原産の常緑高木。葉に香りがあり、ローレル、ベイリーフと呼ばれて香辛料とされる。ことにシチューなどの煮込み料理には欠かせない。古代ギリシャでは高貴な木とされ、競技の勝者はこの枝の冠（月桂冠）を戴いた。

葉っぱの利用③　装飾

家紋にデザイン

「家紋《かもん》」は平安貴族の遊び心から生まれ、武家の旗印《はたじるし》から庶民へと広まりました。葉っぱや花の図案は特に多く、モチーフの植物も100種以上。デフォルメと空間分割の妙に、私は、エッシャーの不思議絵を連想してしまいます。さらに時をさかのぼれば、古代ギリシャから伝わった唐草文様《からくさもよう》、これもある葉っぱがモチーフです。

三つ銀杏《いちょう》

■ イチョウ

イチョウ科イチョウ属／長枝では互生、短枝では輪生状

葉の形から鴨脚と書いてイチョウと読む。「銀杏（ぎんなん）」はもともと食用にする部分を指し、イチョウともよむようになったのは後年。中国原産で、留学僧が観音像とともに持ち帰ったともいわれる。家紋には他に、一つ銀杏、抱き銀杏、違い銀杏、三つ割銀杏などがある。東京都のマーク、東京大学の校章でもある。p13、20参照。

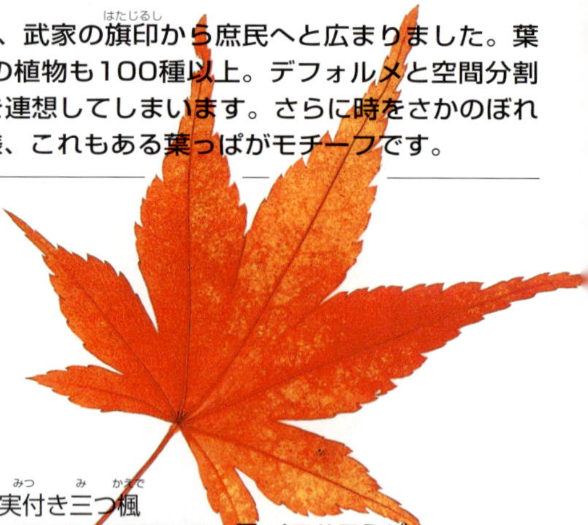

実《みつ》付き三《み》つ楓《かえで》

■ イロハモミジ

カエデ科カエデ属／対生

「楓」の字は中国ではマンサク科のフウを指す。葉の形や紅葉が似ていたので、漢字導入時に間違えたらしい。図の家紋は葉と実が組み合わさっている点が面白い。花札の10月は10点札で「楓に鹿」。そこで鹿肉を「もみじ」と呼ぶ。カナダ国旗はカエデマーク。p30参照。

光琳桐《こうりんぎり》

■ キリ

ゴマノハグサ科キリ属／対生

中国原産の落葉高木。桐（きり）の箪笥（たんす）といえば高級家具の代名詞。材は軽くて耐湿性に富む。春に咲く薄紫の花も美しく、葉と花序を組み合わせた紋が多い。皇室の紋章は菊と桐で、花の数が5-7-5の紋、五七の桐（ごしちのきり）が使われる。民間では遠慮申し上げて3-5-3の紋、五三の桐（ごさんのきり）を用いるのが慣例である。

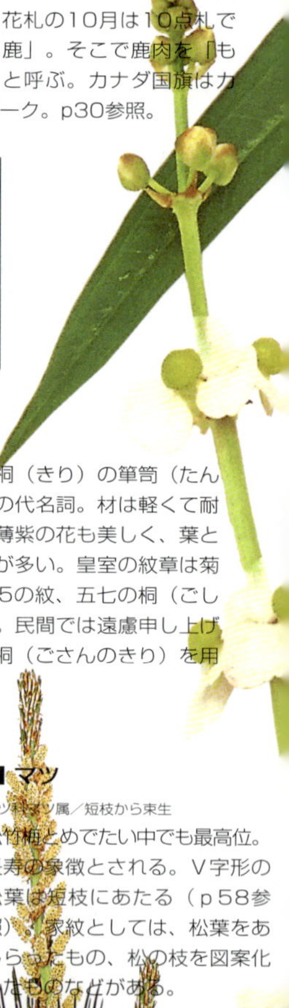

四つ追い松葉の丸

■ マツ

マツ科マツ属／短枝から束生

松竹梅とめでたい中でも最高位。長寿の象徴とされる。V字形の松葉は短枝にあたる（ｐ58参照）。家紋としては、松葉をあしらったもの、松の枝を図案化したものなどがある。

変わり抱き違い茗荷《みょうが》

■ ミョウガ

ショウガ科ショウガ属／2列互生

東アジア原産の多年草。香味野菜として清涼感のある刺激的な香りを楽しむ。主に食べるのは花序で、肉厚の包葉の間から、クリーム色の一日花が顔を出す。軟白した茎もミョウガタケと呼んで食べる。この葉でもちを包む地方もある。茗荷（みょうが）は冥加（みょうが：知らずに受ける神仏の加護）に通じるというので、縁起をかついで家紋によく使われる。食べると物忘れするというのは江戸落語。

丸に蔦《つた》

■ ツタ

ブドウ科ツタ属／互生

岩壁や幹をつたうから、ツタ。平安時代はこの幹から樹液を集め、煮詰めて甘葛（あまずら）とよぶシロップをつくった。家紋は多く、図の他に結び蔦（つた）、中陰蔦、蔦の花などがある。p49参照。

中輪《なかわ》に三つ鱗杉《うろこすぎ》

■ スギ

スギ科スギ属／十字対生

日本酒の香りつけに欠かせない。新酒が出るころ、酒屋ではこの葉をくす玉にして軒に吊るす。葉は線香や抹香（まっこう）の原料にもなる。古代から、うっそうと茂るスギの巨木には神が宿ると信じられ、社寺によく植えられ、また家紋に使われる。p59参照。

立ち沢瀉《おもだか》

■ オモダカ

オモダカ科オモダカ属／根生

水田や池の多年草。クワイに近い仲間で、小さないも（球茎）をつける。やじり形の葉と、夏に咲く白い3弁花が特徴。家紋は他に、沢瀉巴（おもだかともえ）、五葉沢瀉、大関沢瀉など数多い。

古代ギリシャ建築
コリント様式の柱頭飾り

■ アカンサス

キツネノマゴ科ハアザミ属／根生

地中海原産の多年草。葉は鋭く切れ込んでトゲがあり、和名はハアザミ。葉は長さ1m、花茎は高さ2mと雄壮で、庭園に植えられる。美しい葉模様は古代ギリシャ建築・コリント様式の柱頭飾りに用いられ、シルクロードを経て奈良時代の日本に「唐草文様」として伝えられた。アカンサス文様は工芸や美術の装飾モチーフとして、今も家具の彫刻や花文字などに使われている。

細《ほそ》輪《わ》に実《みつ》付き片喰《かたばみ》

■ カタバミ

カタバミ科カタバミ属／互生

道ばたの小さな多年草だが、葉の造形が面白い。片喰（かたばみ）紋は古くから公家や大名に好んで用いられ、バリエーションは300近くもある。その数は藤紋、木瓜（もっこう）紋に次いで第3位に数えられる。葉はシュウ酸を含み、昔は絞り汁で真鍮（しんちゅう）を磨き、皮膚病や虫さされに塗った。

森の不思議世界

冬の太陽に見守られて、木々は静かに眠っています。しなやかな緑の衣装も、今はすっかり干からびて、木々の足もとに砕け散りました。

春から夏、そして秋。役目を終えた葉っぱたち。でも同情や感傷はいりません。植物たちはリスクや損得を計算した上で、みずから葉っぱを切り離したのですから。春になれば、みずみずしい若葉が森を再び緑に包みます。

ね、森はいつだって生命に満ちているんです。冬枯れの枝に探してごらん。枝先にほら、コートを着込んだ芽の赤ちゃん。かさかさ枯れ葉のふとんを踏んで探してごらん。きらりと光る草のタネ。真珠色をした球根。ぴんと張った地下茎。暖かい落ち葉にくるまって、虫たちもじっと春を待っているんです。

ただ通り過ぎるのではなく、心を澄ませて森を見て。聴いて、感じて、とけ込んで。

葉っぱの博物館、出口は…、あれ？　入り口に続いてる。

森の不思議世界に、ようこそ！

アカメガシワ

『葉っぱ博物館』さくいん

●亀田龍吉（かめだ　りゅうきち）
この本で使われているすべての写真を撮影。自然写真家。1953年千葉県生まれ。
●多田多恵子（ただ　たえこ）
大学での講師と家庭での子育てのかたわら、この本の構成・解説を担当。東京都生まれ。

撮影協力／熱川バナナ・ワニ園／石井英美／岩月善之助／露崎伴子／ハーブアイランド
／みなみのガーデン／浜坂和弘
プロデューサー／香川長生
ブックデザイン／河村光一郎・三井静枝（デザイングループ　アルファ）

森の休日3 調べて楽しむ
葉っぱ博物館

2003年 9月10日　初版第1刷発行
2004年 6月30日　改訂第2版第2刷発行④

著者　亀田龍吉©　多田多恵子©
発行者　川崎吉光
発行所　株式会社 山と溪谷社
住所　東京都港区芝大門1－1－33　〒105－8503
電話　03－3436－4055（営業）4078（編集）
HP　http://www.yamakei.co.jp/
振替　00180－6－60249
印刷・製本　株式会社 サンニチ印刷

©2003 Ryukichi Kameda, Taeko Tada
Published by YAMA-KEI Publishers Co.,Ltd.
1-1-33 Shiba-daimon,Minato-ku,Tokyo,Japan
Printed in Japan

ISBN4-635-06323-2

☆乱丁、落丁などの不良品は、送料小社負担でお取り替えいたします。
☆定価はカバーに表示してあります。

禁無断転載